Norbert Schuster

Die Inbound-Marketing-Methode

Norbert Schuster

Die Inbound-Marketing-Methode

So werden Sie von potenziellen Kunden im Internet gefunden und generieren mehr und bessere Interessenten

Bibliografische Information Der Deutschen Bibliothek
Die Deutsche Bibliothek verzeichnet diese Publikation in der Deutschen Nationalbibliografie; detaillierte bibliografische Daten sind im Internet über http://dnb.ddb.de abrufbar.

Illustrationen: Ray Rubeque – www.rayrubeque.blogspot.de
Satz, Umschlaggestaltung, Herstellung und Verlag:
BoD – Books on Demand

Hinweis:
Das Buch ist sorgfältig erarbeitet worden. Dennoch erfolgen alle Angaben ohne Gewähr. Weder Autor noch Verlag können für eventuelle Nachteile oder Schäden, die aus den im Buch gemachten Hinweisen resultieren, eine Haftung übernehmen.

Printed in Germany

ISBN:978-3-8448-3501-4

Inhalt

Vorwort

Von Mike Volpe, CMO, HubSpot, Inc.

Das alte Marketing ist am Ende

Die klassische, alte Art, Marketing zu betreiben, hat uns Marketing-Spezialisten im Laufe der Zeit, aus den verschiedensten Gründen, einen schlechten Ruf beschert. Nun sind wir gefordert, diesen wiederherzustellen.
Viele Marketingbotschaften, die Geschäftsleute tagtäglich erreichen, kosten viel Zeit, Geld und Brainpower und stören eigentlich nur die täglichen Arbeitsabläufe. Sie kennen alle diese Marketingbotschaften, die Sie in Ihrer Arbeit unterbrechen, die keine Aussagen haben oder schlimmer noch, die nicht Ihren Bedürfnissen entsprechen, sondern Sie einzig und allein zum Kaufen auffordern.
Norbert Schuster betreibt eine andere Art des Marketings. Nicht nur für sein eigenes Unternehmen strike2. Er berät und unterstützt Unternehmen bei der Einführung und Umsetzung der Inbound-Marketing-Methode. In diesem Buch beschreibt Norbert diese Inbound-Marketing-Methode.
Da wir jeden Tag mit Firmen zusammenarbeiten, die darum ringen, Ihre Zielgruppe zu erreichen und neue Leads und Kunden zu generieren, freuen wir uns, das Vorwort zu diesem Buch beisteuern zu können.
Es gibt zwei Hauptursachen dafür, dass das Ringen um neue Leads und Kunden in der Regel so anstrengend ist:

1. Viele Marketingverantwortliche betreiben ausschließlich Unterbrechungs- bzw. Outbound Marketing.
   In der Tat ist lt. OVK (Online-Vermarkterkreis im BVDW) Werbung im Internet der zweitgrößte Anzeigen-Kanal in Deutschland. Im Jahr 2012 wird eine Steigerung des Internet-Werbebudgets auf 11 % prog-

nostiziert, dies entspricht ca. 6,3Mrd. €. Die größten Budgets werden für die Fernsehwerbung mit ca. 38 % bereitgestellt, gefolgt von ca. 19 % für Zeitungswerbung.

2. Der zweite Grund für das anstrengende Unterfangen ist die Ablehnung der »unterbrechenden Werbung« durch potenzielle Kunden. Selbst Marketiers, die prinzipiell offen für andere Methoden sind, unabhängig davon ob sie an die Inbound-Marketing-Methode glauben oder einfach nur kein Budget für Outbound-Aktivitäten haben, scheitern oft daran, dass sie nicht die richtige Methode einsetzen.

Es gibt eine Menge Theorien über die richtige Inbound-Marketing-Methode. Die Theorie allein reicht allerdings nicht aus, um die Methode auch erfolgreich einsetzen zu können. Marketingverantwortliche und Unternehmer, die ihre Marketingaktivitäten weiter entwickeln möchten, benötigen eine Methode, die sie auf ihre Bedürfnisse anpassen können und die vor allen Dingen auch messbare Ergebnisse liefert.

Dieses Buch erklärt die Inbound-Marketing-Methode nicht nur sehr gut, es gibt auch viele nützliche Informationen, wie man sie in der Praxis umsetzen kann. Auf Grund seiner Praxiserfahrung gibt Norbert Schuster in diesem Buch auch Auskunft darüber, welche Anforderungen an Technologien und Marketing-Mitarbeiter für die Umsetzung der Methodik gestellt werden. Er betrachtet den gesamten Inbound-Marketing-Prozess von der Leadgenerierung, Lead Nurturing, Analyse und Optimierung bis zur Verzahnung mit CRM und Automation-Lösungen, die helfen den Prozess effizienter zu gestalten.

Wie aber sieht das vollständige Bild der Inbound-Marketing-Methode aus? Eines ist ganz klar: Sie ist keine schnelle Lösung für Marketing-Probleme. Sie bewirkt vielmehr eine Veränderung im Marketing-Denken! Die Methode liefert Ergebnisse, wenn sie als langfristige Strategie in das Unternehmen implementiert wird. Dies bedingt natürlich eine genaue Betrachtung der Werbebudgets. Wofür wird im Unternehmen Zeit und

Geld investiert? Wie muss dass Werbebudget gekürzt werden, um Ressourcen für die Implementierung der Inbound-Marketing-Methode frei zu schaufeln? Denn essenziell für den Erfolg der Methode ist die Erstellung von Inhalten.

Ihre Inhalte und Ihre Content-Strategie müssen mehr zu bieten haben als simple Blog-Beiträge. Sie müssen wissen, welche Inhalte Ihre Zielgruppe sucht, wo gesucht wird und wie Sie als Unternehmen Ihren potenziellen Kunden helfen können, ihre Probleme zu lösen. Hierzu muss man natürlich auch wissen, welche Probleme Kunden haben.

Erfolgreiche Inbound-Marketiers wissen, dass es nicht eine spezifische Lösung für ein »Kundenproblem« gibt. Es bedarf vieler kleiner Schritte auf dem Weg zur Problemlösung. Und genau hier setzt die Inbound-Marketing-Methode an. Erstellen Sie Inhalte, denen Menschen vertrauen. Diese Inhalte ermöglichen es Ihnen, sich als kompetente und zuverlässige Instanz oder Person zu etablieren, die wertvolle Inhalte zur Problemlösung liefert und gleichzeitig auch die Bedürfnisse erkennt und versteht.

Interessante Inhalte, die die Sprache der Unternehmen sprechen und letztendlich eine Möglichkeit zur Umsatzsteigerung in Aussicht stellen, bieten mehr Inhalt, als zur reinen Leadgenerierung notwendig wäre. Genau dies ist ein zentraler Punkt der Inbound-Marketing-Methode. Adressieren Sie Ihre Inhalte an Menschen und nicht an Verbraucher, dann werden Sie auch erfolgreich sein. Die Kommunikation muss zwischen sympathischen Menschen stattfinden und darf kein »Marketing-Einheitsbrei« sein.

Denken Sie beim Erstellen Ihrer Inhalte nicht wie ein Vermarkter, sondern wie ein Verbraucher. Wie oft entlockt Ihnen eine Pop-Up-Anzeige das Gefühl von Vertrauen? Wie anders fühlt es sich aber an, wenn Sie in einer Suchmaschine nach der Lösung Ihres Problems suchen und ein Unternehmen bietet Ihnen kostenlose Inhalte zur Lösung ihres Problems an? Genau auf diese Art von Sichtbarkeit und Reputation baut die Inbound-Marketing-Methode auf.

Es klingt vielleicht etwas sentimental, aber indem Sie vielen Menschen helfen, sorgen Sie dafür, dass sich diese Menschen freiwillig und eigenständig als potenzielle Interessenten identifizieren. Durch das sogenannte Lead Nurturing können Sie Interessenten, die freiwillig darum gebeten haben, dass Sie sich um ihr Problem kümmern, weiterentwickeln und schlussendlich zu Kunden umwandeln.

Genau das ist der Kernpunkt der Inbound-Marketing-Methode: ein effizienter, messbarer Weg, um durch das geschickte Anbieten von Inhalten, die richtige Kombination von Blogging, Social Media, Landing-Pages, E-Mail-Marketing, Analyse und Optimierung der Konvertierung neue Kunden zu gewinnen. Sie werden überrascht sein, wie messbar und vorhersehbar Ihre Ergebnisse sein können, wenn Sie die Inbound-Marketing-Methode für Ihr Unternehmen umsetzen.

Aber unabhängig davon, wie gut und praxiserprobt die Inbound-Marketing-Methode auch ist, Sie selbst müssen Sie in Ihrem Unternehmen implementieren. Eine gute Beschreibung alleine ist nicht ausreichend, um die Effektivität Ihrer Marketingaktionen zu steigern. Sie selbst müssen dafür sorgen, dass die Methode konsequent auch in der Praxis umgesetzt wird. Nur so kann ein Wachstum für Ihr Unternehmen realisiert werden.

Mike Volpe, CMO, HubSpot, Inc.

1. Einleitung

Wenn Sie diese Zeilen lesen, haben Sie mein Buch entweder schon gekauft oder Sie überlegen gerade, ob Sie es kaufen sollen. (Die »Beschenkten« unter Ihnen, die sich weder entscheiden noch Geld ausgeben mussten, lassen wir jetzt mal kurz außen vor.)
Ich sollte mich also wohl besser anstrengen, Sie von diesem Buch zu überzeugen. Schließlich gibt es ja massenweise Bücher, die auch unbedingt gelesen werden möchten. Die haben vielleicht sogar auch hübschere Autoren, coolere Titel oder stylischere Cover. »Ich bin jung und brauche das Geld!« trifft bei mir leider nur zur Hälfte zu.
Aber vielleicht haben Sie mit Ihrem Unternehmen und Ihren Produkten ja auch eine ähnliche Herausforderung. Niemand wartet auf uns und unsere Produkte. Wir müssen es schaffen, dass sich ein potenzieller Kunde mit unserem Thema beschäftigt, wir müssen die Menschen finden, die einen Bedarf haben. Oder, und das wäre doch noch viel besser, wir schaffen es, dass diese Menschen uns finden. Denn diese Menschen haben schon einen konkreten Bedarf und möchten sich mit unserem Thema beschäftigen.

Das bedeutet für Sie:

- keine Kaltakquisition,
- keine mühsamen Erklärungen, warum man ohne Ihr Produkt nicht leben kann,
- keine Zweifel: »Darf ich dort überhaupt anrufen?«,
- keine »Neins« mehr abholen, bis endlich mal ein »Ja, vielleicht« oder »Dann schicken Sie halt mal Infos« dabei ist.

In den Zeiten der Globalisierung und des Internets ist das nicht ganz so einfach – aber machbar. Davon und wie Sie diese potenziellen Kunden überzeugen und sie bis zur Entscheidung für Ihr Unternehmen bzw. Ihre Produkte »entwickeln«, handelt dieses Buch. Es geht dabei aber definitiv **nicht** um Manipulieren, Überreden, »Einwände behandeln« oder Daten klauen. Inbound Marketing bedeutet »verstehendes Zuhören«, sich in die »Schuhe des Kunden stellen«, relevante Informationen und Hilfestellungen zur richtigen Zeit anbieten. Dann klappt es auch mit dem Kunden. Der kauft nämlich wann und wo **ER** bzw. **SIE** will!

Mir gefällt die Inbound-Marketing-Methode besonders gut, weil ich schon lange daran glaube, dass die Zeiten des klassischen Verkaufens vorbei sind. Natürlich gibt es immer noch Verkäufer, die einem Eskimo Kühlschränke verkaufen können, aber gerade im B2B-Bereich funktioniert »Druck-Verkauf«, »Einwand-Behandlung« & Co. immer seltener. Mein Bild von modernem Verkauf: Man stellt einen Zustand her, in dem man vom Kunden wahrgenommen wird und sich der Kunde entscheidet zu kaufen. Genau hierbei kann die Inbound-Marketing-Methode Unternehmen, Unternehmern, Marketing und Vertriebs-Verantwortliche unterstützen.

Ich hoffe, dass überzeugt Sie, dieses Buch nicht mehr aus der Hand zu legen und mehr über Inbound Marketing, Social Media, Bloggen und modernes Lead Management erfahren zu wollen.

Ein kleiner Hinweis noch: In diesem Buch geht es nicht um Technik oder die Tiefen der jeweiligen Themen und Tools. Dafür gibt es zahllose Fachbücher, Spezialisten-Blogs und Internet-Foren. Hier geht es um den Überblick, die Methode, die Strategie und Praxis-Tipps zur Umsetzung der Inbound-Marketing-Methode.

Je mehr ich mich mit Inbound Marketing beschäftigt habe, umso mehr hat mich die Methode begeistert. Ich hoffe, ich kann Ihnen mit diesem Buch etwas von meiner Begeisterung weitergeben und Ihnen damit helfen, Ihre Marketing- und Vertriebs-Ziele zu erreichen.

Über Ihr Feedback und Ihre Erfahrungen mit Inbound Marketing freue ich mich sehr. Senden Sie mir einfach eine E-Mail an: *n.schuster@strike2.de*.

Nun wünsche ich Ihnen viel Spaß beim Lesen.

Norbert Schuster

2. Was ist Inbound Marketing?

Im Zusammenhang mit Vertrieb und Call-Centern kennen wir den Begriff »Inbound«. Dort steht er für eingehende Anrufe, also Anfragen von Kunden zu Produkten oder Service-Themen. Was bedeutet aber Inbound im Zusammenhang mit Marketing?
So unterschiedlich ist die Bedeutung gar nicht. Inbound Marketing ist eine Methode bzw. eine Strategie, die sich darauf konzentriert, dass man von Interessenten gefunden wird und diese Interessenten zu Kunden entwickelt.

2.1 Inbound vs. Outbound

Die klassischen Marketing-Aktivitäten wie TV-Werbung, Mailings oder telefonische Kaltakquisition basieren auf dem Outbound-Konzept. Sie unterbrechen bzw. stören den Empfänger, der sich sehr wahrscheinlich gerade nicht mit dem Thema der Marketingbotschaft beschäftigt. Die Outbound-Aktivitäten müssen Aufmerksamkeit erzeugen und einen Bedarf wecken. Denn mit hoher Wahrscheinlichkeit hat der Empfänger in diesem Moment auch noch keine akute Kaufabsicht.
Jeder Anbieter möchte die Aufmerksamkeit von potenziellen Kunden für sich gewinnen. So werden immer mehr Aktivitäten gestartet und die Empfänger mit immer mehr Werbebotschaften überflutet. Das aber hat auch dazu geführt, dass diese Botschaften immer besser ausgeblendet werden. Noch mehr Sex, immer »noch billiger« und noch mehr »Geiz ist geil« haben sich abgenutzt. Die Werbebotschaften erreichen immer seltener die gewünschten Empfänger und verfehlen so die erhoffte Wirkung.

Stellen Sie sich vor, Sie haben den Auftrag, Elefanten in freier Wildbahn zu fotografieren. Wie können Sie das tun? Eine Möglichkeit: Sie laufen so lange durch Busch und Savanne, bis Sie einen Elefanten gefunden haben. Der Vorteil: Sie haben jetzt Bilder von **einem** Elefanten.
Im übertragenen Sinne: Sie haben einen neuen Interessenten generiert.
Der Nachteil: Wenn Sie weitere Elefanten fotografieren bzw. Interessenten gewinnen möchten, beginnt der Vorgang von Neuem und Sie wissen nicht, ob Sie jedes Mal das Glück haben, einen Elefanten mit akzeptablem Zeitaufwand und Ressourcen-Einsatz zu finden.
Die viel erfolgversprechendere Methode: Sie bauen ein Wasserloch und sorgen dafür, dass die Elefanten den Duft des Wassers schnuppern.

2.2 Die Wasserloch-Strategie

Sie müssen sich zwar erst einmal um Themen kümmern, die vordergründig nichts mit Elefanten zu tun haben und Sie bekommen wahrscheinlich in den ersten Tagen auch keinen Elefanten zu Gesicht.
Wenn das Wasserloch aber fertig ist, sehen Sie sehr wahrscheinlich jeden Tag Elefanten. Sie sehen kleine und große Elefanten. Sie sehen Elefanten bei den verschiedensten Lichtstimmungen und in den verschiedensten Konstellationen. Sie werden aber ganz sicher feststellen, dass Ihr Wasserloch auch andere Tiere anzieht. Vielleicht kann man ja auch mit Bildern von Giraffen und Löwen Geld verdienen?
Übertragen auf unser Thema: Haben Sie Ihr Wasserloch gebaut, also Ihre Inbound-Marketing-Strategie erstellt und implementiert, werden Sie von mehr Interessenten gefunden. Sie haben dann Ihren Verkaufstrichter verbreitert und können sehr wahrscheinlich nicht nur mit mehr, sondern auch mit »besseren« Leads (Interessenten) rechnen. Eventuell werden Sie auch von Kundengruppen gefunden, die Sie bisher noch nicht aktiv adressiert haben.

Mit Inbound Marketing …

- stellen Sie einen Zustand her, in dem der potenzielle Kunde Sie findet.
- sprechen Sie bzw. Ihr Vertrieb mit Interessenten, die sich schon mit Ihrem Thema beschäftigen und die sehr wahrscheinlich auch schon eine konkrete Kaufabsicht haben. So ist Ihr Vertrieb effizienter und ganz sicher auch motivierter.
- konvertieren Sie mehr anonyme Webseitenbesucher zu »bekannten« Interessenten.
- analysieren Sie Ihre Aktivitäten regelmäßig und wissen, welche Aktivitäten und Ausgaben, welche Ergebnisse generieren. So können Sie entscheiden, welche Aktivitäten Sie forcieren, optimieren oder stoppen sollten.

Die Inbound-Marketing-Methode nutzt das Internet, um potenziellen Kunden interessante Inhalte anzubieten, sie auf die eigene Webseite bzw. Landingpages zu ziehen und sie dort zu konvertieren.

Ein weiterer wichtiger Aspekt, der für Inbound Marketing spricht, ist der durch das Internet veränderte Kaufprozess.

Denn:

- immer mehr Käufe werden von Webseiten beeinflusst!
- Kunden möchten nur dann mit einem Verkäufer sprechen, wenn sie kurz vor der Kaufentscheidung stehen.
- Nur die wenigsten der kaufbereiten Besucher kaufen tatsächlich in den ersten Monaten. Der überwiegende Teil kauft erst später.
  Genau hier setzt das Inbound-Marketing-Konzept an.

2.3 Die Elemente von Inbound Marketing

Die Inbound-Marketing-Methode basiert auf diesen drei Bereichen:

1. Gefunden werden

Was können Sie tun, um von potenziellen Kunden gefunden zu werden?

Ihre Keyword-Strategie
Keywords sind die Schlüsselwörter bzw. Kombinationen von Schlüsselwörtern, die jemand in eine Suchmaschine eingibt, um Informationen über ein Thema oder ein Produkt zu bekommen.
Wissen Sie, mit welchen Suchbegriffen Ihre Kunden bisher gesucht haben, um Sie zu finden? Können Sie sich vorstellen, wie viele Kunden Sie

schon verloren haben, weil Sie mit deren Suchbegriffen nicht gefunden wurden?

Webseiten-Optimierung

Die Webseite ist der Dreh- und Angelpunkt aller Bemühungen rund um das »Gefundenwerden«. Sie muss nicht nur für »menschliche« Besucher attraktiv sein, Sie muss auch für Suchmaschinen gut lesbar und relevant sein. Diesen Bereich deckt das Thema Webseiten-Optimierung (SEO) ab. Im nächsten Kapitel erfahren Sie mehr zur Erstellung Ihrer Keyword-Strategie und zur Optimierung Ihrer Webseite.
Wenn Ihre Webseite optimiert ist und Sie die richtigen Schlüsselwörter für Ihr Geschäft kennen, gilt es, diese Schlüsselwörter möglichst oft und sinnvoll auf Ihrer Webseite, Ihrem Blog und in Ihren anderen Medien wie z. B. Online-Pressemeldungen, Gruppen-Artikel in XING und Tweets zu nutzen.

Bloggen Sie!

Mit einem **Blog** können Sie sich als Spezialist für ein Thema platzieren und Ihre Platzierung in den Suchmaschinen positiv beeinflussen. Schreiben Sie über Ihr Thema und nutzen Sie dafür Ihre Schlüsselwörter.
Das Thema »Bloggen« behandeln wir im 3. Kapitel.

XING, Twitter, Facebook & Co.

Wie wird über Sie und Ihre Marke im Internet bzw. in den sozialen Medien gesprochen? Unabhängig davon, ob Sie in den **Social-Media**-Kanälen aktiv werden möchten, sollten Sie dort zumindest zuhören, ob und was über Sie gesprochen wird. Nur dann können Sie rechtzeitig und angemessen reagieren. Mit dem richtigen Ansatz und dem richtigen Verständnis können Sie die sozialen Netzwerke aber auch aktiv nutzen, um Ihre Inhalte zu verbreiten, Fans zu gewinnen und eine gute Reputation aufzubauen.
Mehr über Social Media lesen Sie im 5. Kapitel.

2. Konvertieren

Sie haben es geschafft! Ein potenzieller Kunde hat den Weg zu Ihnen gefunden. Reicht das schon? Leider nicht! Es gibt immer noch viele Gründe, warum aus diesem Suchenden kein neuer Kunde für Sie werden könnte. Sie müssen aus diesem anonymen Webseitenbesucher einen »bekannten« Interessenten machen.
Wie man das schafft, was ein »**call-to-action**«, eine »**Landingpage**« und »**Lead Nurturing**« damit zu tun haben, erfahren sie im 6. und 7. Kapitel.

3. Analysieren und Optimieren

Warum sollten Sie analysieren und optimieren? Ganz einfach: Das Bessere ist der Feind des Guten. Es gibt immer ein Angebot, eine Überschrift oder manchmal einfach nur eine besondere Schlüsselwort-Kombination, die besser funktioniert als die vorherige Variante. Außerdem müssen Sie immer davon ausgehen, dass Ihr Markt in Bewegung ist und Ihr Wettbewerb nicht schläft.

Also: immer wachsam bleiben und weiter nach der besseren Variante suchen.
Dazu mehr im Kapitel 8.

Die Elemente der Inbound-Marketing-Methode noch mal im Überblick:

Gefunden werden
- Erstellen Sie Ihre Keyword-Strategie!
- Optimieren Sie Ihre Webseite! (SEO)
- Bloggen Sie!
- Bewerben Sie Ihre Inhalte und nutzen Sie Social Media!

Konvertieren

- Machen Sie aus Seitenbesuchern Leads!
- Entwickeln Sie Ihre Leads mit »Nurturing« weiter bis zur Kaufbereitschaft!

Analyse & Optimieren

- Analysieren und optimieren Sie!

Schon mal ein kleiner Hinweis vorweg: Die einzelnen Elemente der Inbound-Marketing-Methode können natürlich noch viel detaillierter beschrieben werden und die jeweiligen Fachleute kennen sicher auch noch viel mehr Tricks und Kniffe. Es nützt Ihnen aber nichts, wenn Sie z. B. nur das Thema SEO zu 100 % mit allen Feinheiten umsetzen, aber die restlichen Elemente der Methode gar nicht beachten. Wenn Sie jeden Bereich nur zu 20 % umsetzen, erreichen Sie wahrscheinlich mehr als mit 100 % in einem einzelnen Bereich.

2.4 Inhalte und Mehrwerte

Entscheidend für Inbound Marketing sind Inhalte und Mehrwerte, die für potenzielle Interessenten relevant und hilfreich sind.
»Was soll ich denn nur schreiben? Welche Mehrwerte kann ich erstellen?« Diese Fragen höre ich oft von meinen Kunden. Es ist gar nicht so schwierig, wie es sich im ersten Moment darstellt.
Überlegen Sie, was Ihre potenziellen Kunden bewegt. Welche Probleme haben sie? Welche Fragen bewegen sie? Wie können Sie ihnen eine Hilfestellung geben oder ihnen die Situation erleichtern?
Egal ob man ein Haus bauen möchte oder ein Walzwerk, eine elektronische Steuerung oder eine Hydraulikpumpe sucht, immer gibt es Informationen, die bei der Auswahl helfen können.

Hier finden Sie ein paar Ideen für Themen, über die Sie schreiben können:

- Welche Probleme haben Menschen, die Ihr Produkt benötigen? Schreiben Sie über die Lösung.
- Die »Dos« and »Don'ts« für Ihre Themen
- »In 10 Schritten zum erfolgreichen …«
- Funktionen Ihres Produktes
- FAQs (Frequently Asked Questions)
- Welche Fragen stellen Interessenten und Kunden immer wieder? Schreiben Sie über die Antworten.
- »How to …« – Schreiben Sie, wie man eine Problemstellung Ihres Bereiches löst.
- Schreiben Sie über gesetzliche Aspekte oder Vorschriften.
- Anwenderbericht – Warum haben sich Kunden für Sie entschieden und wie setzen sie Ihre Lösung ein.
- Technische Hintergründe
- Das Briefing für den Start eines Projektes
- Tools und Werkzeuge
- Neue Produkte bzw. Funktionen
- Trends in Ihrer Branche
- …

Es gibt sicher auch in Ihrem Unternehmen viele Anlässe, etwas zu schreiben. Hier ein paar Tipps:

- Neues aus Ihrem Hause
- Ihre Stellungnahme zu aktuellen Ereignissen
- Event/Messe/Roadshow
- Gesetzliche Änderungen
- Neuer Kunde/Kundenprojekte
- Interview mit Mitarbeitern, Kunden oder Partnern
- Neue Funktion Ihrer Lösung

- Jubiläum
- Umfrage
- Analysen/Report
- …

Wenn Sie Inhalte einmal erzeugt haben, können Sie sie für verschiedene Formate adaptieren:

- Artikel
- Pressemeldung
- Checkliste
- Webinar
- eBook
- Buch (Books on Demand)
- Testimonial
- Video (Webcast, Interview, Screencast …)
- Podcast
- App
- Umfrage
- Präsentation
- Whitepaper
- Analyse
- …

Platzieren Sie Ihre Inhalte und Mehrwerte so, dass sie von potenziellen Kunden mithilfe von Suchmaschinen gefunden werden.

- Auf Ihrer Webseite
- In Ihrem Blog
- In Ihren Social-Media-Kanälen
- In Ihren Pressemeldungen
- Bei Ihren Offline-Aktivitäten
- In den verschiedenen Lead-Nurturing-Stufen

Bitte bedenken Sie dabei aber, dass nicht jeder Content in jedem Stadium des Lead-Prozesses Sinn macht. Oder um es konstruktiver auszudrücken: Bestimmte Formen von Inhalten und Mehrwerten sind für bestimmte Stufen im Kaufprozess bzw. Verkaufstrichter besonders gut geeignet.

Zum Beispiel:

Aufmerksamkeit – Top of the funnel: (TOFU)

- Frage: »Was benötige ich?«
- Angebot: Checklisten, eBooks, Whitepapers, Anleitungen, Produkt-Spezifikationen, Datenblätter ...
- Ziel: Informieren

Bewertung – Middle of the funnel: (MOFU)

- Frage: »Warum sollte ich bei Ihnen kaufen?«
- Angebot: Webinare, Factsheets, Informationsgespräch ...
- Ziel: Vertrauen aufbauen, Kompetenz zeigen

Kauf – Bottom of the funnel:

- Frage: »Warum sollte ich jetzt kaufen?«
- Angebot: Kostenlose Proben, Testversionen, Demos, Gutscheine ...
- Ziel: Überzeugen, Abschluss, Anreiz, Angebot

Mehr zur Verbreitung Ihrer Inhalte erfahren Sie in den nächsten Kapiteln.

Das Wichtigste in Kürze:

- **Mit Inbound Marketing stellen Sie einen Zustand her, in dem Sie von potenziellen Kunden gefunden werden!**
- **Die Wasserloch-Strategie!**
- **Mit einem Blog können Sie sich als Spezialist für ein Thema platzie-**

ren und Ihre Platzierung in den Suchmaschinen-Ergebnissen positiv beeinflussen!

- **Entscheidend für Inbound Marketing sind Inhalte und Mehrwerte, die für potenzielle Interessenten relevant und hilfreich sind.**

Platz für Ihre Notizen:

Inbound Marketing, Inhalte und Mehrwerte

3. Keywords und Webseiten-Optimierung

Das Internet hat viele Veränderungen in unserem Kaufverhalten verursacht. In der guten alten Welt von Prospekten und Regalen wurde der »First Moment of Truth« (FMOT), der sogenannte »erste Moment der Wahrheit«, definiert. Das ist der Zeitpunkt, wenn der Käufer vor dem Supermarkt-Regal steht und sich für diese oder jene Zahncreme entscheidet. Der nächste, der zweite Moment der Wahrheit, ist gekommen, wenn der Konsument die Zahncreme benutzt und sich eine Meinung zum Produkt bildet: »Ist die gut? Kaufe ich die wieder?«

Natürlich müssen Vermarkter Impulse geben, die die potenziellen Kunden auf die Idee bringen, eine neue Zahncreme oder Pizza auszuprobieren. Diese Impulse sind z. B. Anzeigenwerbung, Wurfsendungen, TV- und Radio-Spots usw.

Mit dem Internet sind jegliche Informationen nur einen Klick entfernt. Es gibt zwar immer noch Impulse, die uns über Zahncreme, Pizza, ein neues Auto oder eine neue Kamera nachdenken lassen. Wir gehen aber anders damit um. Zwischen dem ersten Impuls bzw. der Werbebotschaft und dem Regal oder Verkaufsraum gibt es eine neue Stufe: Die Suche im Internet!

Während dieser Suche möchte der potenzielle Kunde in der Regel erst einmal »nur schauen«. Er weiß wahrscheinlich noch gar nicht, ob er wirklich z. B. ein neues Auto haben möchte und schon gar nicht welches. Er möchte tatsächlich erst einmal »nur schauen«, **nur** Informationen, um sich ein Bild zu machen.

Wie läuft das ab? Ganz einfach: Die Person startet einen Internet-Browser, ruft eine Suchmaschine (in der Regel *Google*) auf und gibt den Suchbegriff ein. Genau an dieser Stelle gibt es jetzt einen neuen Moment der Wahrheit!

Google nennt ihn den »Zero Moment of Truth« (www.zeromomentoftruth.com) und schreibt im gleichnamigen Buch, dass ca. 70 % der US-Amerikaner im Internet nach einer Bewertung suchen, bevor sie etwas kaufen. Eine weitere Studie sagt, dass mittlerweile 84 % aller Käufe durch das Internet beeinflusst werden.

Werden Sie gefunden?
Nun stellt sich nicht nur die Frage, ob Ihr Unternehmen eine (schöne) Internetseite hat, sondern viel wichtiger ist:
Erscheint Ihre Webseite in der Ergebnisliste der Suchmaschinen?
Möglichst an prominenter Stelle, mindestens aber auf Seite 1?
Das ist **Ihr** ganz persönlicher »Moment of Truth«!

Tipp
Testen Sie doch einfach einmal selbst, wo Sie mit Ihrem Unternehmen stehen. Geben Sie in einer Suchmaschine einen für Ihre Branche typischen Suchbegriff und Ihren Ort ein, z.B.:

- »Ölwechsel Frankfurt«
- »Cabrio kaufen Aschaffenburg«
- »Hydraulik Pumpe Papierpresse«
- »Kundenverwaltung Maschinenbau«

Erscheint Ihr Unternehmen in den Suchergebnissen? Erscheinen Ihre Marktbegleiter?
Es kann für Sie nur eine positive Konstellation geben: Sie erscheinen in den Suchergebnissen, es ist Absicht und Sie wissen, warum Sie dort stehen.

Die unbefriedigenden und damit nicht erstrebenswerten Konstellationen sind:

- Sie erscheinen zwar, aber es ist Zufall und Ihr Wettbewerber könnte schon morgen vor Ihnen platziert sein!

- Sie erscheinen erst ab Seite 2 der Suchergebnisse!
- Sie erscheinen gar nicht!

Der ein oder andere wird jetzt sagen: »Das machen wir doch schon, daran arbeiten wir ja bereits. Nennt sich Suchmaschinen-Optimierung« (SEO = Search Engine Optimization = Die Optimierung Ihrer Webseite und deren Inhalte entsprechend den Kriterien von Suchmaschinen, wie z. B. *Google*). Darum geht es in diesem Kapitel.
Aber keine Angst: Sie müssen kein SEO- oder Webseiten-Spezialist werden. Dafür gibt es Fachleute. Es ist aber hilfreich, wenn Sie die Grundlagen kennen und den Status Ihrer Webseite im Ansatz bewerten können. So fällt es Ihnen auch leichter, die Arbeit der Spezialisten zu beurteilen.
Um Ihnen mal ein Bild zu geben, wie viele Unternehmen heute das Internet und ihre Webseite nutzen, hier eine kleine Geschichte.

Pferdekutscher goes future
Weil »alle Welt« davon redet und weil es die Zukunft sein soll, kauft sich ein Pferdekutscher eine moderne Luxus-Limousine mit Vollausstattung: 12 Zylinder TurboQuatt, 500 MKW, Doppel-Querlenker-Fahrwerk, Allrad, feinste Ledersitze, Carbon-Schwarz Metallic, N-Power Sportpaket, Standheizung, Klimaautomatik usw. usw. – also alles, was sich das Autoliebhaber-Herz vorstellen kann. War auch nicht gerade billig. Aber Sie können sich sicher vorstellen, wie es sich anfühlt, damit zu fahren.

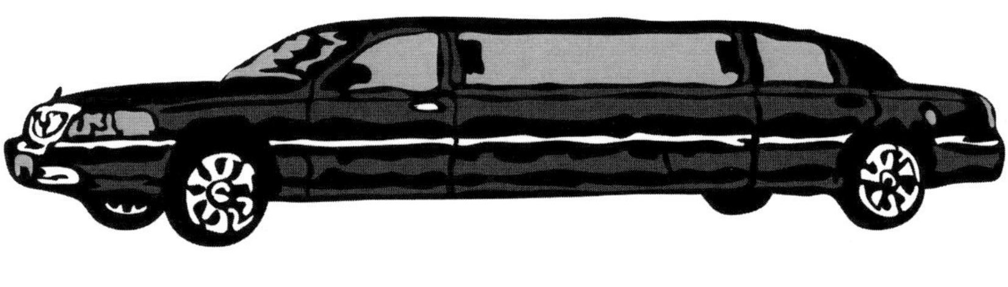

Gefragt nach seiner Zufriedenheit, sagt der Pferdekutscher, dass er die Metallic-Lackierung super findet und von den Ledersitzen echt begeistert ist. Dann spannt er seine Pferde vor die Limousine und fährt los – wie gehabt mit »Pferdestärke« – mit einer Pferdestärke ...

Bild: »Pferdekutscher goes future« – Illustration von Ray Rubeque

Blödsinn? Weit hergeholt? – Leider nicht, denn genau so werden immer noch viele Unternehmenswebseiten betrieben. Sie könnten viel mehr, werden aber wie eine Visitenkarte oder ein Prospekt im Internet eingesetzt.

3.1 Schlüsselwörter

Schlüsselwörter (Keywords) sind Begriffe bzw. Kombinationen von Begriffen, die man in eine Suchmaschine eingibt, um Informationen über ein Thema oder ein Produkt zu finden.
Dieses Verhalten können Sie nutzen, um Ihre Webseite für diese Schüsselwörter zu optimieren. Das erhöht Ihre Chancen, im Internet von den Menschen gefunden zu werden, die nach diesen Schlüsselwörtern suchen. So steigern Sie die Anzahl und die Qualität der Besucher auf Ihrer Webseite.

Leider ist es nicht einfach, genau die Schlüsselwörter zu ermitteln, mit denen potenzielle Kunden Ihre Webseite finden. Es gibt aber Möglichkeiten, herauszufinden, wie umkämpft einzelne Schlüsselwörter sind (HubSpot Keyword SEO Tool, *Google*-Analytics™, u.a.). So finden Sie heraus, welche Schlüsselwörter Ihnen helfen können, Besucher auf Ihrer Webseite zu begrüßen.

Für Ihre Keyword-Strategie ist es wichtig, die Begriffe zu finden, die Ihre potenziellen Kunden für die Suche eingeben. Das können die Begriffe sein, die Sie, Ihre Mitarbeiter, Ihre Kollegen, Ihr Wettbewerb und Ihre ganze Branche nutzen. Aber sind das auch die Begriffe, die Ihre potenziellen Interessenten bzw. Kunden nutzen? Das können natürlich die gleichen sein, oft sind es aber andere.

Dazu gehören auch Kombinationen von Begriffen, wie z. B. »Inbound Marketing Systemhaus«.

Allgemeine Schlüsselwörter

Allgemeine Keywords wie »Marketing«, »Social Media« oder »CRM« sind sehr begehrt und hart umkämpft. Viele Anbieter möchten mit diesen Begriffen gefunden werden. Daher wird es schwierig für Sie werden, wenn Sie mit zu allgemeinen Schlüsselwörtern gefunden werden möchten. Generell kann man sagen: Je spezieller Ihr Themengebiet und Ihre Schlüsselwörter sind, desto leichter wird es sein, dafür eine gute Suchmaschinen-Platzierung zu erreichen.

Kennzeichen von allgemeinen Schlüsselwörtern wie z. B. »Pumpe« sind:

- Die Beschreibung ist generell.
- Sie haben ein hohes Suchvolumen.
- Sie sind beliebt und hart umkämpft.
- Es ist schwierig, eine gute Position in der Suchmaschinen-Platzierung zu erreichen.
- Sie sind meist nicht sehr relevant für die Lead-Konvertierung.

Long-Tail-Schlüsselwörter

Denken Sie über Kombinationen von Schlüsselwörtern nach. Zum Beispiel: »Weiterbildung Lead Management Consultant Frankfurt« oder »Adressverwaltung Software Maschinenbau«.

Long-Tail Begriffe sind gekennzeichnet durch:

- Eine detailliertere Beschreibung.
- Ein geringeres Suchvolumen.
- Weniger Wettbewerb.
- Es ist einfacher, eine gute Suchmaschinen-Platzierung zu erreichen.
- Obwohl weniger Menschen danach suchen, ist in der Regel die Konvertierungsrate besser.

Erstellen Sie eine Liste mit Schlüsselwörtern, die für Ihr Business relevant sind.

Wie suchen Interessenten nach Ihrem Angebot? Wahrscheinlich wird das nicht Ihr Markenname sein. Überlegen Sie sich stattdessen, mit welchen Begriffen oder Begriffskombinationen man ihr Unternehmen und die angebotenen Leistungen charakterisieren könnte.

Wählen Sie Keywords nach Schwierigkeit und Relevanz aus.

Wichtige Indikatoren für die Wahl Ihrer Schlüsselwörter sind:

Schwierigkeitsgrad:

Wie schwierig ist es für das jeweilige Schlüsselwort, eine gute Suchmaschinenplatzierung zu erreichen. Wie umkämpft ist das jeweilige Schlüsselwort.

Relevanz:
Wie relevant ist das jeweilige Schlüsselwort für Ihr Business?
Wie gesagt ist es schwierig, für allgemeine Schlüsselwörter wie »Seminar« oder »CRM« in der Suchmaschinenpositionierung nach vorne zu kommen. Für kleine und mittlere Unternehmen ist es daher besser, weniger umkämpfte und spezifischere Schlüsselbegriffe zu wählen.
Suchen Sie die richtige Mischung zwischen Relevanz und Schwierigkeitsgrad. Testen Sie dazu verschiedene Begriffe und Begriffskombinationen. So finden Sie heraus, welche am besten funktionieren.
Um die Attraktivität eines Keywords herauszufinden oder Vorschläge für Keywords zu erhalten, können Sie Tools nutzen. Es gibt z. B. ein Keyword-Tool von *Google* und die »Suggest Keyword«-Funktion in HubSpots Keyword-Grader (www.hubspot.com).
In den Keyword-Bereich von HubSpot können Sie Ihre Schlüsselwörter bzw. Schlüsselwort-Kombinationen eintragen und sich Vorschläge für Keywords holen.

Die Übersicht der Schlüsselwörter zeigt Ihnen Ihre Begriffe in der Übersicht und:

- das Suchvolumen eines Keywords
- den Schwierigkeitsgrad eines Keywords
- die Anzahl der Besucher, die durch ein bestimmtes Keyword Ihre Seite gefunden haben
- die Anzahl der Leads, die Sie durch ein Keyword generiert haben
- eine Grad-Zahl, wie Ihre Webseite zu einem Keyword in den Suchmaschinen platziert ist
- Tipps und Hinweise, wie Sie den Umgang mit einem Keyword optimieren können

Wie Sie mehr über Ihre Schlüsselwörter erfahren können.

- Vielleicht gibt es in Ihrem Unternehmen schon ein SEO-Projekt oder

eine Webseiten-Analyse. Fragen Sie Ihren Webmaster oder Ihre Agentur.
- Tragen Sie einen Begriff in die Suchmaschine ein und prüfen Sie die Vorschläge, die Sie zu Ihrem Begriff erhalten.

Tipp
- Konzentrieren Sie sich auf die »low hanging fruits«, also die Begriffe, die ein hohes Suchvolumen und einen niedrigen Schwierigkeitsgrad aufweisen.
- Entfernen Sie schwierige Begriffe oder wandeln Sie sie in »Long-Tail-Begriffe« um. (Vom Allgemeinen zum Spezifischen).
- Keyword-Optimierung ist ein andauernder Prozess.
- Nutzen Sie Ihre Keywords und Keyword-Kombinationen auf Ihrer Website, Ihrem Blog usw.
- Schreiben Sie aber trotzdem immer für Ihre Leser, nicht für die Suchmaschinen!

Als Nächstes widmen wir uns Ihrer Webseite und wie diese von den Suchmaschinen gefunden wird. Diesen Vorgang nennt man SEO (Suchmaschinen-Optimierung). Ziel von SEO ist es, dass Ihre Seite auf der ersten oder einer der ersten Seiten der Suchmaschinen-Ergebnisse erscheint.
Suchmaschinen versuchen immer, die relevantesten und aktuellsten Seiten zu einem Suchbegriff bzw. Kombination von Suchbegriffen anzuzeigen!
Suchmaschinen-Optimierung gliedert sich in zwei Bereiche: On-Page-SEO und Off-Page-SEO.

3.2 On-Page Webseiten-Optimierung

On-Page-SEO bezeichnet die Maßnahmen, die sich auf die Platzierung und Darstellung Ihrer Webseiten-Inhalten für Suchmaschinen beziehen.

On-Page-SEO Maßnahmen beeinflussen zwar nur 25 % des Erfolgs, es lohnt sich aber trotzdem, sie umzusetzen. In der Regel sind diese Maßnahmen recht einfach und unkompliziert umsetzbar.

Die wichtigsten Elemente der On-Page Webseiten-Optimierung:

1. Seitentitel

Wenn Sie eine Seite im Webseitenbrowser öffnen, sehen Sie den Seitentitel oben links in der Titelzeile. Dieser Text wird als Titel in den Suchergebnissen der Suchmaschinen angezeigt.

Ein paar Tipps, wie Sie mit Seitentiteln sinnvoll umgehen:

- Jede Ihrer (Unter-)Seiten sollte einen eigenen Seitentitel entsprechend dem Inhalt der Seite haben!
- Der Seitentitel sollte nicht länger als 70 Zeichen sein. Verwenden Sie längere Seitentitel, werden diese im Web-Browser und in den Suchergebnissen nicht mehr angezeigt.
- Platzieren Sie Ihre Schlüsselwörter im Seitentitel möglichst weit am Anfang.
- Ihren Firmennamen können Sie am Ende des Titels einfügen.

2. Meta Description

Die Meta Description beschreibt den Inhalt der Seite in den Suchergebnis-Listen der Suchmaschinen. Die Meta Description soll den Suchenden neugierig auf Ihre Inhalte machen und ihn animieren, Ihre Webseite zu besuchen. Sie hilft dem Suchenden herauszufinden, ob das Ergebnis seiner Suche entspricht.

3. Überschriften

Suchmaschinen erwarten in den Überschriften, die wichtigen Schlüsselwörter Ihrer Webseite zu finden. Aus diesem Grund ist es natürlich sehr sinnvoll, Ihre Schlüsselwörter, wann immer es möglich ist, in Überschriften zu nutzen.
Aber Vorsicht: Zu viele Überschriften verwässern die Wertigkeit von Schlüsselwörtern in anderen Überschriften. Wenn Ihre Seite sehr »textlastig«, wie z. B. bei einem Blog-Artikel ist, dann nutzen Sie untergeordnete Überschriften (<h2> und <h3> Tags) als Absatz-Titel.

4. Bilder

Bilder machen Ihre Webseite für Besucher interessanter. Sie verbessern das Nutzererlebnis auf Ihrer Seite. Beim Einfügen von Bildern sollten Sie Folgendes beachten:
Nutzen Sie nicht zu viele Bilder! Je mehr Bilder Sie platzieren, desto länger dauert der Ladeprozess. Das beeinflusst das Nutzererlebnis und die Suchmaschinen-Optimierung negativ.
Bilder können von Suchmaschinen nicht gelesen bzw. ausgewertet werden. Deshalb sollten Sie Bilder mit Texten verknüpfen. Das erreichen Sie mit dem »ALT Text«-HTML-Attribut. Damit können Sie ein Bild mit einem Text versehen und so für Suchmaschinen sichtbar machen.

- Wenn Sie Ihre Schlüsselwörter im Dateinamen verwenden, werden Ihre Keywords und die Bilder auch in der Bildersuche der Suchmaschinen berücksichtigt. Mit einem Bindestrich (-) trennen Sie Schlüsselwörter im Dateinamen.

5. URL Struktur

Die URL ist die Webadresse Ihrer Internetseite. Zum Beispiel hat strike2 die URL: www.strike2.de. Die URL-Struktur einer Internetseite beschreibt, wie die URLs verbunden bzw. verlinkt sind.
Die Optimierung der URL-Struktur ist leider eine der schwierigsten Aspekte bei der On-Page-Optimierung von Webseiten. Also definitiv eine Aufgabe für Spezialisten, die sich mit dem Content-Management-Systems oder der Programmierumgebung auskennen.

Hier finden Sie eine kleine Liste für die Maßnahmen zur Optimierung der URL-Struktur:

- Nutzen Sie eine 301-Weiterleitung für die Umleitung von URLs. Eine solche Weiterleitung sollte man verwenden, wenn man z. B. die URL einer Seite ändern möchte/muss. Ein typischer Fehler ist es, die 301-Umleitung für z. B. strike2.de auf www.strike2.de zu vergessen. Aus SEO-Gesichtspunkten ist das ein Problem, weil die Suchmaschinen ohne diese Umleitung die Seiten einzeln bewerten und Ihre SEO-Bemühungen nicht konzentriert und fokussiert wirken.
- Vermeiden Sie zu tief verschachtelte URL-Strukturen. Hier sehen Sie ein Beispiel von einer sehr verschachtelten URL: www.meineseite.de/ueber/management/kontakt/telefon
- Tief verschachtelte Seiten werden von Suchmaschinen in Bezug auf SEO schlechter bewertet. Das Problem können Sie durch eine Optimierung des Webseiten-Designs beheben.
- Integrieren Sie Ihre Schlüsselwörter in der URL. Wenn Sie Ihre Hauptdomain schon registriert haben, können Sie diesen Aspekt bei den URLs Ihrer Unterseiten beachten.
- Separieren Sie Ihre Keywords in den URLs Ihrer Unterseiten mit einem Bindestrich (-). Zum Beispiel: http://www.IhreSeite.de/Online-Marketing/

Damit werden Online und Marketing als Schlüsselwörter erfasst.

- Erstellen Sie statische URLs, keine dynamischen. So bleiben Ihre URLs immer gleich.

Über den Zustand und die Attraktivität der einzelnen Seiten Ihrer Webseite geben Ihnen verschiedene Tools Auskunft. Das kostenlose *Google-Analytics*™ gibt z. B. Auskunft über die Anzahl der Seitenaufrufe und die durchschnittliche Verweildauer auf der Seite.
Der »Page Grader« von HubSpot gibt zusätzlich zu den allgemeinen Seiteninformationen wie Seitenbesuche und externe Links Tipps, wie die Seite für die Suchmaschinenplatzierung optimiert werden kann.

6. Vermeiden Sie »Keyword Stuffing«

Nach all diesen Ausführungen über Relevanz von Schlüsselwörtern könnten Sie auf den Gedanken kommen, Ihre Seiten ganz einfach mit Schlüsselwörtern zu füllen.
So einfach ist es aber nicht. Zum einen wären die Besucher Ihrer Webseite nicht sehr begeistert über diese Inhalte. Die Suchmaschinen lassen sich auch nicht so einfach austricksen.

»Suchmaschinen austricksen« ist generell keine gute SEO-Strategie!

3.3 Off-Page Webseiten-Optimierung

Wie oben beschrieben, können Sie mit On-Page-SEO nur ca. 25 % der Suchmaschinen-Positionierung beeinflussen. Wie nehmen Sie Einfluss auf die restlichen 75 %?
Den größten Einfluss auf die Platzierung Ihrer Webseite können Sie mit

Links von anderen Webseiten oder Blog-Artikeln, die auf Ihre Webseite verlinken, erreichen. Diese Links nennt man Inbound Links. Je mehr Inbound-Links von Seiten mit hoher Autorität auf Sie verlinken, desto besser. Ein Link von einer großen, bekannten Seite ist wertvoller als ein Link von einem neuen Blog mit wenigen Besuchern.
Wie generieren Sie eingehende Links? Die Erstellung von wertvollem Inhalt ist ein guter Weg. Erstellen Sie wertvollen und interessanten Inhalt, auf den andere Webseiten verlinken möchten. Optimieren Sie Ihre Inhalte für Suchmaschinen und verteilen Sie sie über die Social-Media-Kanäle. Natürlich können Sie auch einfach andere Menschen fragen, ob sie auf Ihre Seite verlinken möchten. Ein Partnerverzeichnis ist auch ein guter Ansatzpunkt für eine gegenseitige Verlinkung.

Noch ein Beispiel: Im Anhang dieses Buches finden Sie Kurz-Statements über Inbound Marketing von Menschen aus meinem Netzwerk. Das ausführliche Statement finden Sie auf der Buchwebseite www.Inbound-Marketing-Buch.de. Neben den ausführlichen, eventuell auch aktualisierten Statements finden Sie dort, wen wundert es, einen Link zurück zur Seite des jeweiligen Statement-Gebers. Was bringt das?

- Ich kann Ihnen von diesem Beispiel erzählen.
- Die Statement-Geber haben sich mit mir und meinem Thema beschäftigt. Alleine daraus haben sich für mich schon neue Geschäftsbeziehungen entwickelt.
- Sie, die Leser, erhalten aus verschiedenen Blickwinkeln und aus der Sicht verschiedener Branchen Einschätzungen und Meinungen über die Inbound-Marketing-Methode.
- Es entstehen neue Verlinkungen mit inhaltlichem Bezug.
- Die Statement-Geber profitieren von der Reichweite meines Buches.
- Im Gegenzug helfen mir die Statement-Geber, die Reichweite für mein Buch zu erhöhen.

Möchten Sie auch ein Statement abgeben? Senden Sie mir einfach eine Nachricht an n.schuster@strike2.de. Ausgesuchte Statements werden nach Freigabe auf der Buchwebseite veröffentlicht. Ich freue mich auf Ihr Statement über Inbound Marketing.
Vielleicht gibt es für Ihr Geschäft ja auch Möglichkeiten der sinnvollen, thematischen Verlinkung. Je mehr inhaltlicher Bezug, desto besser! Plumpes »Ich linke zu Dir, wenn Du zu mir verlinkst.« ohne inhaltlichen Bezug bringt aber relativ wenig.

Tipp Webseiten-Optimierung
Wenn Sie sich keine SEO-Agentur leisten möchten oder können, testen Sie doch einmal die SEO-Software »rankingCoach«. Diese Lösung hilft Ihnen in drei Schritten, Ihren Internetauftritt für Suchmaschinen zu optimieren.
Im ersten Schritt fragt Sie das Tool einige Informationen wie die URL Ihrer Seite, Ihre Schlüsselwörter, Ihre Marktbegleiter und Ihre Branche ab. Nach einer Analyse Ihrer Webseite und der Schlüsselwörter erhalten Sie dann Vorschläge für die Optimierung und eine entsprechende Aufgabenliste.
Diese Aufgaben, wie z. B. das Eintragen von Keywords in die Meta-Angaben oder in die Seitentitel, arbeiten Sie schrittweise ab und prüfen mit dem Tool, ob Sie die Aufgaben richtig umgesetzt haben.
Wie sich Ihre Optimierungsmaßnahmen auswirken, können Sie regelmäßig mit einem übersichtlichen Dashboard prüfen. Über Ihre Fortschritte hält Sie auch ein wöchentlicher Report auf dem Laufenden.
Unter https://www.rankingcoach.com/a/strike2 können sich Leser dieses Buches für einen 14-Tage-Test anmelden und die SEO-Lösung kostenlos testen. Aber Achtung: Der Test endet nicht einfach nach 14 Tagen, Sie müssen aktiv kündigen. Das funktioniert aber sehr einfach online im Bereich »Profil/Vertrag« direkt auf der Seite.

Das Wichtigste in Kürze:

- Ihre Webseite darf gut aussehen, muss aber funktionieren, also konvertieren!
- Finden Sie die Schlüsselwörter, mit denen Ihre potenziellen Kunden nach Ihrem Angebot suchen!
- Optimieren Sie Ihre Webseite für Suchmaschinen!
- Erstellen Sie wertvollen und interessanten Inhalt, auf den andere Webseiten verlinken möchten.

Platz für Ihre Notizen:

Keywords und Webseiten-Optimierung

4. Bloggen Sie!

Der Begriff »Blog« ist die Kurzform von »Weblog«. Weblog ist eine Wortkreuzung aus »WorldWideWe**b**« und »**Log**« (Logbuch).
Ein Blog ist ein öffentliches, auf einer Webseite geführtes »Tagebuch«. Ein Blog kann von einer Person oder einem Team betrieben werden.
Der oder die Autoren schreiben über ein bestimmtes Thema (Social Media, Inbound Marketing, Lead Management, CRM, Controlling, Management usw.) oder z. B. auch über eine Branche.

In ihren Artikel schreiben die Autoren:

- über ihre Sicht der Dinge
- über ihre Meinung zu Themen, Produkten, Firmen, Vorfällen usw.
- über einen aktuellen Sachverhalt
- Analysen und Reports
- andere Blog-Artikel
- usw.

und verlinken in den Artikeln auf andere Web-Seiten, Blogs, Informationen.

Die Artikel eines Blogs sind abwärts chronologisch sortiert – der aktuellste steht oben.

Das Schöne an Blogs ist, dass sie, einmal aufgesetzt, quasi von jedem bedient werden können. Man muss kein Web-Spezialist oder Entwickler sein, um Artikel in einem Blog zu veröffentlichen.

4.1 Warum sollte man bloggen?

Mit einem Blog kann man sich als Experte für ein Fachgebiet platzieren. Menschen suchen heute im Internet in der Regel in Suchmaschinen, wenn sie sich für ein Thema interessieren und sich darüber informieren möchten. Ein aktiver Blog mit relevanten und wertvollen Inhalten hilft dem Autor dabei, in den Suchmaschinen gut positioniert und damit gefunden zu werden.

Jeder Blog-Eintrag »vergrößert« die Webpräsenz und macht die Seite bzw. den Blog damit für *Google* interessanter. Je größer und aktueller die Seite, desto mehr vermutet *Google* dort wertvolle Inhalte zu finden.

Jeder Blog-Eintrag bietet Ihnen auch die Chance, Schlüsselwörter zu platzieren und dafür zu sorgen, dass Sie in den Suchmaschinen mit diesen Begriffen gefunden werden.
Es ist viel einfacher, einen Blog-Eintrag mit den relevanten Schlüsselwörtern zu schreiben, als eine statische Seite auf der Homepage zu ergänzen und dafür eventuell sogar die Navigation zu ändern.

Neben den Schlüsselwörtern und der Relevanz der Texte sind natürlich auch Links, die von anderen Stellen im Internet auf den eigenen Blog verlinken (Inbound-Links), sehr wichtig.
Der beste Weg, diese aufzubauen, ist, Ihren Blog mit interessanten Inhalten und wertvollen Angeboten zu füllen. Schreiben Sie über interessante Themen und bieten Sie den Lesern nützliche und hilfreiche Informationen. Information geht vor Werbung!

Die Amerikaner nennen das: **Be educational, not promotional!**

4.2 Welche Elemente hat ein Blog-Artikel?

Durch Blog-Plattformen wie HubSpot oder WordPress ist das Publizieren von Inhalten im Internet einfacher geworden.
Mit aktivem und regelmäßigem Bloggen können Sie dafür sorgen, dass Sie und Ihr Angebot online gefunden werden.
Die meisten Blogging-Plattformen bieten Ihnen komfortable Funktionen für die Erstellung, Verwaltung und das Publizieren Ihrer Artikel.

Tipp
Die Inbound-Marketing-Plattform HubSpot bietet darüber hinaus noch weitere Hilfestellungen. Sozusagen eine Assistenz für die Optimierung Ihrer Artikel für Suchmaschinen.

Hier finden Sie eine Auflistung der Elemente von Blog-Artikeln:

Überschrift
- Die Überschrift sollte das Interesse Ihrer potenziellen Leser wecken. – Versuchen Sie auch einmal eine Frage, etwas Kurioses oder Provokatives.
- Bauen Sie Ihre Keywords in die Überschrift(en) ein.
- Das wichtige Schlüsselwort sollte möglichst weit vorne platziert sein.
- Länge: max. 70 Zeichen.

Artikel-Text
- Nutzen Sie Ihre Keywords.
- Gliedern Sie mit Absätzen und formatieren Sie den Text übersichtlich.

Links
- Verwenden Sie Links zu weiterführenden oder ergänzenden Inhalten/Artikeln.
- Verlinken Sie zu thematisch passenden Artikeln im eigenen Blog.

Call-to-action/Handlungsaufforderung

- Verwenden Sie Handlungsaufforderungen am Ende des Artikels.
- Platzieren Sie Handlungsaufforderungen in der Sidebar des Blogs.
- Verlinken Sie zu Landingpages mit Download-Möglichkeit.

Bilder

- Platzieren Sie Ihre Keywords möglichst auch im Dateinamen der Bilder.
- Nutzen Sie Alt- und Titel-Tag für Ihre Keywords.

Videos

- Integrieren Sie Videos, z. B. von Ihrem YouTube-Video-Kanal.
- Nutzen Sie in YouTube Ihre Keywords im Titel, in der Beschreibung und in den Tags.
- Platzieren Sie in der Beschreibung der Videos Links auf Ihre Webseite oder Landingpages.

Tags

- Verwenden Sie Kategorien.

Meta-Keyword-Tags

- Nutzen Sie Meta-Keyword-Tags zur Platzierung in den Suchmaschinen.

Meta Description

- Die Meta Description ist die Beschreibung des Blog-Artikels. Diesen Text sieht der Suchende in der Liste der Suchergebnisse.

4.3 Woran Sie beim Bloggen denken sollten?

Betrachten Sie Bloggen wie ein Verleger oder Journalist. Schreiben Sie nicht werblich, sondern bieten Sie Fachwissen und interessante Neuigkeiten aus Ihrer Branche. Betrachten Sie Ihre Blog-Artikel wie Beiträge in einem Fachmagazin. Achten Sie dabei auf Ihre Schreibweise und Wortwahl. Schreiben Sie einfach und verständlich. Vermeiden Sie zu spezifische Begriffe, die nur Fachleute verstehen.

Was möchten Sie bloggen?

Zu welchem Thema möchten Sie sich positionieren? Zu welchem Thema möchten Sie gefunden werden? Das Thema Ihres Blogs sollte nicht Ihr Produkt oder Ihr Unternehmen sein! Widmen Sie sich einem Thema Ihrer Branche. Schreiben Sie über die Aufgabenstellungen, die Probleme und Herausforderungen, die Ihre potenziellen Kunden beschäftigen.
Ein Tipp für den Start: Überlegen Sie sich, welche Fragen ein potenzieller Kunde stellt, und schreiben Sie dazu jeweils einen Artikel, der eine der Fragen beantwortet. Wenn Sie jede Woche über eine neue Frage schreiben, haben Sie genug Inhalte für den Start.

Tipps zum Thema Bloggen:

- Erstellen Sie einen Redaktionsplan für Ihren Blog.
- Informieren Sie und bieten Sie interessante Mehrwerte.
- Bauen Sie Bilder und Videos in Ihre Blog-Artikel ein.
- Stellen Sie Fragen.
- Bauen Sie Spannung auf.
- Provozieren Sie Kommentare.
- Polarisieren Sie.
- Verlinken Sie auf …
  - Begriffe auf Ihrer Webseite
  - Landingpages
  - Web-Präsenzen von Partnern
  - …
- Nutzen Sie die Blog-Roll, um auf Partner und Freunde zu verlinken.
- Nehmen Sie Bezug und verlinken auf andere Artikel in Ihrem Blog.

- Sorgen Sie dafür, dass Ihre Leser Ihre Blog-Beiträge per RSS-Feed abonnieren können.

Das Wichtigste in Kürze:

- **Bloggen Sie!**
- **Schreiben Sie über interessante Themen und geben Sie Ihren Lesern hilfreiche Informationen!**
- **Erstellen Sie einen Redaktionsplan für Ihren Blog!**

Platz für Ihre Notizen:

Bloggen

5. Get Social! – Nutzen Sie die sozialen Netzwerke

Die Social-Media-Plattformen basieren auf den Technologien des Web 2.0, also der zweiten Internet-Generation. Aus dieser neuen Generation des Internets sind die sozialen Netzwerke und Netzwerkgemeinschaften entstanden, die als Plattformen für die Kontaktaufnahme und den Austausch von Informationen, Erfahrungen und Meinungen fungieren. Waren das zu Beginn noch Treffpunkte für Spezialisten, finden sie heute immer mehr Anwendung im Geschäftsleben.
Gerade Social-Media-Plattformen wie XING, LinkedIn, Twitter & Co. bieten Unternehmen hervorragende Möglichkeiten für Vermarktung, Kundenpflege und Steigerung der Online-Präsenz.
Diese neuen Möglichkeiten bzw. Kanäle des Social Web können eine gute Ergänzung und Multiplikation der klassischen Marketing- und Vertriebs-Aktivitäten darstellen. Sie können Ihnen helfen, Ihre Reichweite und Platzierung im Markt zu stärken und zu unterstützen.
Die sozialen Netzwerke bieten einen Rahmen für Veröffentlichungen und unterstützen bei der Verbreitung von Inhalten. Sie bieten aber auch die Möglichkeit, mit Interessenten, Kunden und Partnern zu kommunizieren.
Die Social-Media-Kanäle haben das Verhalten der Anwender und deren Nutzung des Internets verändert. Diese neuen Verhaltensweisen sind dadurch gekennzeichnet, dass die Nutzer:

- selbst Inhalte erstellen
- Inhalte, Beiträge, Produkte und Firmen bewerten und empfehlen
- ihre Meinung sagen
- Inhalte klassifizieren
- sich einbringen, kommentieren und diskutieren
- Inhalte verteilen

5.1 Social-Media-Strategie

Social Media ist zwar in aller Munde und wird in Dutzenden von Artikeln und Vorträgen behandelt, viele Unternehmen haben den Schritt in die sozialen Netzwerke aber noch nicht gewagt.
»Social Media ist gleich Facebook, ist gleich Spielerei!«, höre ich dazu oft als Begründung.

ACHTUNG: Facebook ist nicht gleich Social Media!

Es gibt viele Plattformen und Netzwerke, die für Unternehmen, speziell im B2B-Bereich, viel mehr Sinn machen und viel mehr Nutzen stiften können als Facebook. XING kann zum Beispiel für B2B-Unternehmen viele wertvolle Möglichkeiten bieten. Dazu später mehr. Es lohnt sich also, das »Facebook-Vorurteil« beiseitezulassen und sich die anderen Social-Media-Plattformen anzuschauen.
Aber: Auch Social Media ist kein »Zauber«, der ohne Ziel, Strategie und planvolles Vorgehen Wunder bewirken kann. Leider starten viele Firmen planlos, legen eine Facebook-Seite oder einen Twitter-Account an und beginnen genauso planlos zu »posten«. In den ersten Wochen fällt das noch leicht, nach einiger Zeit gehen dann aber die Inhalte aus bzw. werden immer »dünner«.

Deshalb hier ein paar Tipps für den Start.

Was Sie vermeiden sollten, wenn Sie mit Social Media starten möchten:

- »Das kann unser Praktikant machen. Der ist jung und kennt sich mit dem Internet-Kram aus.« Wir machen mal …
- »Wenn Facebook ein Land wäre … blablabla.« – »Alle reden von Facebook, dann machen wir das jetzt auch mal.«

- Ein Verhalten im Sinne von: »Wir sind die Besten, die Tollsten. Kaufen Sie, Kaufen Sie, Kaufen Sie!!!«
- Kommentare und Kritik ignorieren.
- Social Media starten, wenn Sie nicht offen für neue Kontakte, Kritik und Meinungen aus Ihrem Markt sind!

Was Sie tun sollten, wenn Sie mit Social Media starten möchten:

- Sichern Sie sich Ihren Namen in den Social-Media-Kanälen!
- Social Media sollte man strategisch, mit Plan und Konzept angehen!
- Definieren Sie Ihre Zielgruppe, Ihre Ansprechpartner und Ihre Ziele!
- Erst zuhören und beobachten. Was macht mein Markt, mein Wettbewerb, die Presse, die Meinungsmacher usw.?
  Aus diesen Erkenntnissen können Sie Schlüsse für Ihre Aktivitäten ziehen.
- Stellen Sie sich in die Schuhe Ihrer Interessenten bzw. Kunden? Sprechen Sie deren Sprache und bieten Sie wirklich hilfreiche Mehrwerte.

Bild: »Nerd on Duty« – Illustration von Ray Rubeque

Tipp:
Werfen Sie dazu auch einmal einen Blick auf die »Leserzentrierte Textur«. Ein spannender Ansatz für die Erstellung von Texten und Inhalten. Die Methode gibt eine gute Hilfestellung für den Wechsel von der »absender-orientierten« hin zur »leserzentrierten« Schreibweise. Mehr dazu finden Sie unter: www.Leserzentrierte-Textur.de

- Was haben Sie zu sagen? Welche Mehrwerte können Sie bieten?

Generell kann man mit Social Media viel erreichen:

- Informationen über den Markt, Kunden und Wettbewerb erhalten.
- Neue Interessenten und Umsatz generieren.
- Einen Informations- und Kommunikations-Kanal aufbauen.
- Bekannt werden.
- Image und Reputation aufbauen und pflegen.

Was und wen möchten Sie mit Social Media erreichen? Haben Sie das schon definiert?

- Welche Branche adressieren Sie?
- Wer sind die Ansprechpartner?
- Wo und wie informieren die sich?
- Wer sucht und wer entscheidet?

Wenn Sie all das für sich geklärt und definiert haben, und erst dann, macht es Sinn, die Social-Media-Kanäle auszusuchen und sich Gedanken über Ihre »Social-Media-Komposition« zu machen.
Doch vorab stellt sich natürlich die Frage:
Macht das für Sie, Ihr Unternehmen, Ihre Branche überhaupt Sinn? Sollten Sie in den sozialen Netzwerken aktiv werden?
Das können Sie eigentlich nur entscheiden, wenn Sie sich diese Netzwerke bzw. Plattformen anschauen und zuhören, ob und wie dort über Sie, Ihre Produkte, Ihre Branche und Ihr Thema gesprochen wird.

Meine Empfehlung:
Wenn Sie Ihre Ansprechpartner in den Social Medias nicht finden, bzw. sie dort nicht für Ihr Thema ansprechbar sind, macht ein aktives Engagement dort wahrscheinlich (noch) keinen Sinn.
Sie haben nichts davon, wenn der Einkäufer für z. B. Hydraulikpumpen zwar ein privates Facebook-Konto hat, dort aber über dieses Thema nicht identifizierbar ist und sich darüber in seinem privaten Umfeld nicht austauschen möchte. Im B2C-Umfeld kann sich das natürlich ganz anders darstellen.
Tipp: Beobachten Sie weiter, ob sich an dieser Situation etwas ändert.

Wenn Ihre Ansprechpartner dort zwar präsent und ansprechbar sind, aber über Ihr Thema noch nicht sprechen, macht ein Engagement in den Social Medias definitiv Sinn.

Mit den geeigneten Aktivitäten können Sie auf sich aufmerksam machen und dafür sorgen, dass über Ihr Thema gesprochen wird. Diese Konstellation gilt für die meisten B2B-Unternehmen.
Tipp: Get social – Denken Sie über die geeigneten Aktivitäten in den Social-Media-Kanälen nach.

Wenn Ihre Ansprechpartner in den Social-Media-Kanälen präsent sind und über Ihr Thema, Ihr Unternehmen oder Ihre Produkte sprechen, haben Sie fast schon keine Wahl mehr.
Und wenn Sie erst einmal nur aktiv zuhören – Sie sollten dabei sein.

Wie können Sie zuhören?
Wie gesagt, ist »Zuhören« immer ein guter Start für die Beschäftigung mit dem Thema Social Media. So bekommen Sie ein Gefühl für die Social Medias und ein Bild, wie Ihr Unternehmen, Ihre Produkte und Ihre Themen in den sozialen Netzwerken vertreten sind.

Tipps zum Zuhören:
Einen ersten Eindruck erhalten Sie eventuell schon, wenn Sie in einer Suchmaschine Ihre Begriffe bzw. Schlüsselwörter eingeben. Für eine intensivere Suche oder regelmäßige Beobachtung gibt es aber auch andere Dienste bzw. Möglichkeiten.

***Google*-Alerts™**
Google-Alerts™ helfen Ihnen dauerhaft und regelmäßig, über die Nutzung Ihrer Schlüsselwörter im Internet auf dem Laufenden zu bleiben. Mit *Google*-Alerts™ können Sie beobachten, welche Neuigkeiten es über Ihre Themen im Internet gibt. Mithilfe von Suchanfragen bleiben Sie per E-Mail-Benachrichtigungen über die neuesten relevanten Ergebnisse (z. B. Webseiten, Nachrichten, Blogs, Diskussionen usw.) auf dem Laufenden. Der Dienst ist kostenlos und einfach einzurichten, bietet aber kein Archiv und keine Social-Media-Suche. www.google.com/alerts

socialindex
Einen sehr guten Überblick über die Social-Media-Aktivitäten anderer Firmen liefert der Social Media Business Index. Hier können Sie mit einem kostenfreien Eintrag alle Ihre Netzwerk-Accounts auf einer zentralen Übersichtsseite zusammenfassen und Schlagworten zuordnen. Zu jedem Thema werden dann eine Hitliste und ein »Feed-Radar« Ihrer Branche erstellt, in dem Sie aktuelle Branchengespräche verfolgen und sich Anregungen holen können. www.socialindex.de

socialmention.com
Socialmention ist eine Suchmaschine für die sozialen Netzwerke.
Ähnlich wie bei *Google*-Alerts™ können Sie dort neben der Suchfunktion auch Alarme für Ihre Begriffe im Social-Media-Bereich eintragen. Die Nutzung ist kostenlos und kann ohne Anmeldung erfolgen.
www.socialmention.com

Twitter-Suche
Sie können in Twitter auch ohne Anmeldung bzw. eigenes Konto suchen. Suchen Sie doch einfach einmal nach Ihren Schlüsselwörtern, Ihrem Firmennamen, Ihren Produkten, Ihrem Wettbewerb usw. und prüfen Sie, was darüber in Twitter geschrieben wird: http://search.twitter.com/advanced

XING-Suche
Für B2B-Unternehmen gibt eine Recherche in XING Aufschluss darüber, ob Ihre Zielgruppe bzw. Zielpersonen dort zu finden sind. Mehr dazu finden Sie im nächsten Kapitel 5.3.

5.2 Social-Media-Kanäle und Einsatzbereiche

Hier finden Sie eine Liste der populärsten Kanäle und deren Einsatzmöglichkeiten für Unternehmen:

Facebook
Facebook ist sehr gut geeignet für Unternehmen, die Endverbraucher adressieren – also den B2C-Bereich. Facebook lebt von der persönlichen Note, von Bildern, Videos und Empfehlungen. Interessant ist hier besonders der virale Effekt. Sind die Anwender von einem »Post«, einem Video oder einem witzigen Inhalt begeistert, verteilen sie diesen an ihre Freunde weiter. So entsteht unter Umständen ganz schnell eine große Reichweite und Bekanntheit. Inwiefern diese Reichweite für Unternehmen auch in neue Kunden und Umsatz umgewandelt werden kann, muss man im Einzelfall prüfen.
Fans, die nur »liken« (den »Gefällt mir«-Button anklicken), weil sie einen Tablet-PC oder ein anderes Gadget gewinnen möchten, werden wohl nur

selten in der Folge eine Hydraulikpumpe oder eine elektronische Steuerung für Druckluft kaufen. Wie gesagt funktioniert das im B2C sicher einfacher als im B2B-Bereich.
Ein Aspekt, den aber auch B2B-Unternehmen nicht vernachlässigen sollten, ist die Rekrutierung von jungen Mitarbeitern für z. B. Praktika oder Lehrstellen. Dazu können Sie auf einer Facebook-Seite über Ihre Berufsbilder und Ihr Ausbildungsprogramm informieren und sich somit als attraktiven Arbeitgeber darstellen.

XING

XING ist ein Business-Netzwerk mit über 11 Millionen Mitgliedern. Es ermöglicht die Suche nach potenziellen Kunden und Partnern und bietet diverse Möglichkeiten, um mit diesen einen Kontakt aufzubauen und zu kommunizieren. XING deckt überwiegend den deutschsprachigen Bereich ab. Mehr dazu im Kapitel 5.3.

LinkedIn

LinkedIn ist mit weltweit mehr als 150 Millionen Mitgliedern eines der größten Online-Berufsnetzwerke. LinkedIn ist eine gute Wahl, wenn Sie die Chancen einer Business Community für den internationalen bzw. amerikanischen Markt nutzen möchten. Das Angebot bzw. die Funktionen sind vergleichbar mit XING.

Blog

Ein Blog bietet sehr gute Möglichkeiten, wenn Sie sich als Spezialist für ein Thema positionieren und Ihr Suchmaschinen-Ranking positiv beeinflussen möchten.

Twitter

Twitter ist ein dynamischer Nachrichten-Kanal. Sie können dort schnell und unkompliziert Nachrichten verbreiten, auf die Inhalte und Mehrwerte auf Ihrer Webseite, Ihrem Blog oder z. B. Ihrer XING-Gruppe verlinken und Reichweite aufbauen.

YouTube

Auf den ersten Blick könnte man YouTube in die Kategorie »Spielerei« einsortieren. Es gibt aber zwei Aspekte, die YouTube auch für das Business sehr interessant machen. Komplexe Sachverhalte lassen sich sehr gut mit einem Video visuell darstellen, über die Video-Plattform verbreiten und damit Kunden begeistern und gewinnen. So kann z. B. ein Hersteller von Druckluft-Controlling-Systemen visuell die Funktion seiner Systeme darstellen oder Techniker mit einer Video-Anleitung bei der Installation unterstützen. Nicht zu vernachlässigen sind aber auch die »Besitz-Verhältnisse«: YouTube gehört zum *Google*-Imperium. Wenn Sie Ihre Inhalte in Form von Videos richtig auf YouTube platzieren, können Sie damit auch die Platzierung in Suchmaschinen positiv beeinflussen.

Google+

Google+ ist das soziale Netzwerk von *Google*. Durch die große Reichweite von *Google* hat diese neue Plattform schnell viele Mitglieder aufbauen können. Auch dort kann man Unternehmensseiten aufbauen, Inhalte verteilen und eine Community pflegen. Firmen beginnen aber gerade erst damit diese Möglichkeiten zu nutzen. *Google+* hat aber ähnlich wie YouTube ein wichtiges Merkmal: Den Besitzer und die Bewertung von Inhalten durch Suchmaschinen. Eine Plattform, die in den nächsten Monaten sicher noch mehr an Bedeutung gewinnen wird.

Foren

Im Internet werden Sie zu allen möglichen Themen Foren finden, in denen sich Fachleute, Betroffene oder Interessierte austauschen. Suchen Sie einfach einmal, ob es für das Thema Ihres Unternehmen oder Ihrer Branche auch ein Forum gibt. Wenn Sie sich dort »richtig« einbringen und mit wertvollen Beiträgen auf sich aufmerksam machen, wird Ihnen das langfristig sicherlich auch helfen, Ihre Online-Bemühungen zu unterstützen. Aber beachten Sie bitte auch hier: Niemand will plumpe Werbung oder Spam! Relevante Inhalte und Hilfestellung sind gefragt!

Online-PR

Das Internet hat für die Presse- und Öffentlichkeitsarbeit ganz neue Möglichkeiten eröffnet. Machen Sie sich aber nicht allzu große Hoffnungen, über diesen Weg Redaktionen und Journalisten zu erreichen und Ihr Unternehmen so direkt in die Presse zu bringen. Dafür bedarf es schon weiterhin solider Pressearbeit und guter Kontakte zu Journalisten und Redaktionen. Online-PR ist aber trotzdem eine sehr gute Möglichkeit, Inhalte schnell zu verbreiten und sie dort zu platzieren, wo sie von Journalisten und am Thema interessierten Entscheidern leicht gefunden werden können.

Der gängigste Weg hierfür ist die Nutzung von »Presseportalen«. Diese Portale gibt es zahlreich und in kostenloser und kostenpflichtiger Ausprägung. Entscheidend ist die Wahl des richtigen Angebots. Das Portal sollte optimalerweise zu Ihrem Thema passen, viele Journalisten und Fachbesucher erreichen und Ihre Meldung auch auf weiteren qualitativ hochwertigen Portalen verbreiten.

Durch diese Weiterverbreitung erreichen Sie im Idealfall wertvolle zusätzliche Back-Links, die Ihr Ranking in Suchmaschinen positiv beeinflussen können. Aber Vorsicht: Die Verbreitung auf zu vielen Seiten oder auf minderwertigen Spamportalen kann Ihnen unter Umständen auch eine sogenannte »bad neighbourhood« einbringen.

Tipp: Hier finden Sie zwei Presseportale, die ich regelmäßig nutze:

PR-Gateway

PR-Gateway versteht sich als PR-Netzwerk und bietet Zugang zu wichtigen Presseportalen und Newsdiensten. Die erfassten Pressemitteilungen werden an diverse Presseportale, Newsdienste und Social Media verteilt. www.pr-gateway.de

Pressebox

Die PresseBox ist ein auf Technologie-Themen aus IT und Industrie spezialisierter, kostenpflichtiger Anbieter. Über 15.000 Journalisten nutzen das Portal, um täglich aktuelle Firmeninformationen in unterschiedlichen Kategorien abzurufen. Diese Fokussierung sorgt für eine sehr hohe Sichtbarkeit im Fachbereich, hat mit ca. 2.000 Euro für eine rabattierte (Tipp: Nachfragen lohnt sich) Jahresflatrate aber auch ihren Preis.
www.pressebox.de

Erfolgsmessung

Die beste Pressemitteilung nützt nichts, wenn sie zu wenig Reichweite für Ihr Thema und Ihre Produkte erzeugt. Doch den richtigen Ton zu treffen und das Interesse der Journalisten zu wecken, funktioniert selten auf Anhieb. Geben Sie daher nicht zu schnell auf und versuchen Sie gezielt zunächst kleinere Fachmagazine und Blogger anzusprechen.
Am wichtigsten ist jedoch, dass Sie den Regelkreis schließen, also den Erfolg Ihrer Arbeit auswerten, um so aus unterschiedlichen Ansätzen und Fehlern zu lernen. Nur so können Sie sich Schritt für Schritt verbessern und bauen gleichzeitig ein Fundament an Hintergrundinformationen auf, auf das Journalisten auch bei künftigen Berichten zurückgreifen können. Zwei Tools zur Auswertung:

***Google*-Alerts™**

Über *Google-Alerts*™ haben Sie ja weiter oben schon etwas gelesen. Auch für diesen Zweck können Sie diesen Dienst, mit den erwähnten Einschränkungen, nutzen.

Echobot
Wer sich das manuelle Aussortieren sparen möchte, greift auf eine Online Medienbeobachtung wie Echobot zurück. Der Dienst hilft Unternehmen, schnell relevante Artikel und Kommentare aus Nachrichtenseiten, Blogs, Presseportalen und sozialen Medien wie Facebook, Twitter & Co. herauszufiltern. Per Knopfdruck können daraus Pressespiegel als PDF erstellt oder in die eigene Homepage integriert werden. Der Service ist derzeit ab 125 Euro im Monat zu haben (Stand April 2012). www.echobot.de

Sicher gibt es gerade für die Kommunikation im neuen Social-Media-Bereich noch sehr viel mehr Plattformen und Tools. »Meine« wichtigsten »business-relevanten« habe ich Ihnen hier vorgestellt.

Zu einer strategischen Vorgehensweise gehört neben der richtigen »Gesamt-Komposition« der Kanäle auch die richtige Reihenfolge und Priorisierung. Versuchen Sie bitte nicht, mit allen Plattformen auf einmal zu starten. Eine gute Startkonstellation für Social-Media-Aktivitäten im B2B-Bereich ist eine Kombination von Blog, XING und Twitter. Das Thema »Blog« haben wir weiter oben schon beschrieben. In den nächsten Absätzen erfahren Sie mehr über XING und Twitter.

5.3 Mit Social Media starten

Wenn Sie Ihre Social-Media-Strategie erstellt haben, wissen Sie was und wen Sie erreichen möchten. Sie wissen wo, wer, wie über Sie und Ihr Thema spricht und welche Plattformen für Sie Sinn machen.
Sie haben die Inhalte und Mehrwerte definiert, die Sie Ihren Kontakten in den sozialen Netzwerken bieten möchten.

Auch darüber sollten Sie sich Gedanken gemacht haben:

- Ihren Redaktionsplan
- Den Freigabeprozess
- Die Versandzeitpunkte
- Die Tonalität
- Wie reagieren Sie auf Kommentare, Anfragen, Diskussionen?
- Ihre Social-Media-Guideline

Wenn Sie mit Aktivitäten wie dem Aufbau von Präsenzen, dem Versand von Einladungen und der ersten »Befüllung« mit Inhalten starten möchten, empfehle ich Ihnen, erst einmal mit einer oder zwei Plattformen zu beginnen. Wenn Sie dort Erfahrungen gesammelt und die notwendigen Prozesse aufgebaut haben, können Sie Ihre Aktivitäten auf weitere Plattformen ausweiten.

XING

XING ermöglicht die Suche nach potenziellen Kunden und Partnern und bietet diverse Möglichkeiten, um mit diesen den Kontakt aufzubauen.

XING eignet sich außerdem sehr gut, um:

- Image und Bekanntheit aufzubauen und zu fördern.
- Interessenten zu generieren.
- Kundenbindung zu optimieren.
- Online-Reputation aufzubauen und zu pflegen.
- Die Vernetzung zu fördern.
- **XING ist mehr als ein Adressbuch im Internet!**

Die Basis für ein erfolgreiches Engagement in XING ist ein gutes Profil. Ihr Profil können Sie mit einem Schaufenster vergleichen. Es sollte Besucher interessieren und sie zum »Eintreten« bzw. zur Kontaktaufnahme animieren

Das XING-Profil

Quelle: ***www.XING.com***

Um in XING erfolgreich zu agieren, sollten Sie neben den Adressfeldern und den Angaben zu Ihrem beruflichen Werdegang auch die folgenden Bereiche ausfüllen.

- Ich biete …
- Ich suche …
- Interessen
- Organisationen

Ihre Eintragungen in diesen Feldern sehen nicht nur die Besucher Ihres Profils. Sie sind auch entscheidend dafür, dass Sie von potenziellen Kunden oder Geschäftspartnern gefunden werden.
Sie ahnen es schon: Auch hier macht es Sinn, dass Sie sich ein paar Gedanken über Ihr Profil machen. Sie könnten z. B. versucht sein, in das Feld

»Ich suche …« »Neue Kunden« einzutragen. Aber wer sucht schon nach Kontakten, die neue Kunden suchen?
Platzieren Sie in Ihrem Profil die Schlüsselwörter, mit denen Sie gefunden werden möchten. Schreiben Sie über Ihre Mehrwerte, z. B.:
»Ich biete: Das eBook: 8 Maßnahmen für Ihr erfolgreiches Internetmarketing«

Die Xing-Suche
XING bietet sehr umfangreiche Suchmöglichkeiten, um Ihre Zielgruppe bzw. Zielpersonen zu finden und die entsprechenden Ansprechpartner zu kontaktieren.

Tipp: Ihre Suchen können Sie speichern und erfahren so auch, wenn sich neue Kontakte mit Ihren Suchkriterien eintragen.

Kontakt aufbauen
XING bietet einige Möglichkeiten, um Kontakt zu den gefunden Personen aufzubauen:

- Sie besuchen das Profil des Ansprechpartners und warten, ob der daraufhin Ihr Profil besucht. Gegenseitige Profilbesuche sind ein gutes Indiz für Interesse. Eventuell gibt es Ansatzpunkte für eine direkte Kontaktaufnahme.
  Meine Erfahrung: 30 % der Kontakte, deren Profil ich mir anschaue, besuchen mein Profil. Das funktioniert natürlich nur, wenn Ihr Xing-Profil gut eingestellt bzw. optimiert ist.
- Wenn Sie im Profil des Ansprechpartners einen **wirklich** guten Ansatzpunkt für eine Kontaktaufnahme finden, senden Sie ihm eine Nachricht und fragen, ob Interesse für einen weiteren Kontakt besteht.
  Bitte beachten Sie: Manche XING-Nutzer haben die Nachrichtenfunktion gesperrt.
- Natürlich können Sie dem Ansprechpartner auch direkt eine Kontakt-

anfrage senden. Ich rate aber davon ab, Kontaktanfragen ohne inhaltlichen, sinnvollen Bezug zu versenden. Der Spruch »Kontakte schaden nur dem, der sie nicht hat« wird zwar gerne strapaziert, passt aber nicht pauschal. Und: »Wir sitzen ja beide in Bottrop.« ist kein Grund für eine Kontaktanfrage!
- In eine Gruppe einladen: Wenn Sie eine eigene Gruppe in XING gegründet haben, können Sie Ansprechpartner in die Gruppe einladen. Dazu gleich mehr.

XING-Statusmeldung

Mit der Xing-Statusmeldung können Sie Ihre Kontakte über Neuigkeiten und Wissenswertes auf dem Laufenden halten. Wenn Sie die Statusmeldung sinnvoll einsetzen, kann sie Ihnen helfen, Ihre Reichweite auszubauen und z. B. auf Ihre Blog-Artikel, eBooks und andere Medien hinzuweisen.

Tipps für Ihre Statusmeldung:

- Informieren Sie Ihr Netzwerk über Ihre **interessanten** Aktivitäten.
- Mischen Sie »fremde« Informationen mit Ihren eigenen Inhalten. Schreiben Sie z. B. über Aktivitäten von Partnern und befreundeten Unternehmen. Auch hier funktioniert oft: »Hilfst Du mir, helfe ich Dir.«
- Verlinken Sie auf interessante Inhalte, Mehrwerte, Blog-Artikel, eBooks usw.
- Übertreiben Sie es nicht und schreiben Sie nicht zu oft. Maximal 1-mal pro Tag hat sich für mich bewährt. Je attraktiver Ihre Inhalte sind, desto öfter können Sie schreiben.
- Vermeiden Sie plumpe Werbung und Banalitäten à la »Ich hole mir jetzt mal 'nen Kaffee.«
- Wer Zitate lesen will, sucht sie im Internet. Nutzen Sie Ihre Statusmeldung für sinnvollere Inhalte

- Formulieren Sie Statusmeldungen und bitten Sie Ihre Mitarbeiter oder Partner diese auch zu »posten«.

XING-Gruppen

XING bietet umfangreiche Gruppenfunktionen. Sie finden in XING mehr als 40.000 Gruppen zu allen möglichen Themen.

Die Gruppen bieten den Nutzern die Möglichkeit, interessante Kontakte einzuladen, Diskussionen über interessante Themen zu erstellen und daran teilzunehmen. Gruppen bieten eine gute Möglichkeit, um Geschäftskontakte zu knüpfen und Ihre Blog-Inhalte zu verbreiten.

Suchen Sie doch einfach einmal, ob es zu Ihrem Thema schon eine Gruppe gibt. Werden Sie Mitglied, stellen Sie sich vor und machen Sie durch interessante Artikel, Kommentare und Hilfestellungen auf sich aufmerksam.

Wenn ein Engagement in Gruppen für Sie zielführend, eine eigene Gruppe aber nicht sinnvoll ist, fragen Sie den Gruppenmoderator, ob er Hilfe benötigt. Moderatoren freuen sich oft über Hilfe zur Belebung der Gruppe. So können Sie aktiv werden, ohne eine eigene Gruppe zu gründen.

Wenn das, z. B. wegen einem Wettbewerbsverhältnis, nicht möglich ist oder es noch keine aktive Gruppe zu Ihrem Thema gibt, gründen Sie einfach eine eigene Gruppe.

Tipp: Wenn Ihr Geschäft einen lokalen Bezug hat und es in Ihrer Gegend noch keine »starke« bzw. aktive Xing-Gruppe gibt, denken Sie doch auch einmal über die Gründung eines lokalen Business-Netwerks nach. In Xing finden Sie die Ansprechpartner und können sie dort in Ihre Gruppe einladen. Wenn Sie Ihre Xing-Aktivitäten mit »Offline«-Treffen kombinieren, lernen Sie interessante Menschen kennen und finden sicher auch neue Kunden und Partner.

Mein Business-Netzwerk heißt Aschaffenburg-Business (https://www.xing.com/net/pri28e999x/aschaffenburgbusiness/).

Wir haben (Stand Mai 2012) 738 Mitglieder und verschiedene Formate für die Treffen der Gruppe:

- Aschaffenburg-Business Meeting
- Aschaffenburg-Business Stammtisch
- Aschaffenburg-Business Squash
- ...

An den Treffen nehmen in der Regel zwischen 5 (Business Squash) und 80 (Business Meeting) Gruppenmitglieder teil.
Wenn Sie Tipps für so ein Business-Netzwerk, eine entsprechende Xing-Gruppe und Formate für Offline-Treffen haben möchten, kontaktieren Sie mich einfach in Xing: http://www.xing.com/profile/Norbert_Schuster
Ich freue mich auf Ihre Kontaktanfrage.

Ihre XING-Gruppe

Mit einer eigenen XING-Gruppe können Sie:

- Die Ansprechpartner aus Ihrer Suchmatrix einladen.
- Kunden einladen und über Ihr Thema informieren.
- Partner und Lieferanten einbinden, um die Mitglieder zu informieren und auf dem Laufenden zu halten.
- Themen diskutieren.
- Die Gruppenmitglieder um ihre Meinung bitten.
- ...

Folgende Fragen sollten Sie sich vor dem Start der Gruppen beantworten:

- Soll die Gruppe offen (jedes XING-Mitglied kann jederzeit beitreten) oder geschlossen (Beitritt nur nach Freischaltung durch den Moderator) geführt werden?
- Wer ist Moderator und wer sind die Co-Moderatoren?
- Gruppenrichtlinien

    - Was möchten Sie nicht erlauben? Werbung?
    - Umgangsformen
    - Gibt es Ausschlusskriterien für die Aufnahme von neuen Mitgliedern?
- Wer soll in die Gruppe eingeladen werden?
    - Bestehende Kunden und Interessenten
    - Partner
    - Hersteller/Lieferanten
    - Wettbewerb???
    - Mitglieder von anderen relevanten Gruppen
- Wer lädt in die Gruppe ein?
- Wer schaltet die neuen Mitglieder frei?
- Wer baut den Kontakt zu den neuen Mitgliedern auf?
- Welche Foren soll Ihre Gruppe haben? z. B.
    - Events
    - Strategie
    - Tools
    - FAQs
    - Best Practice
    - Planung
    - Stellenmarkt
    - Tipps & Tricks
    - …
- Wie oft möchten Sie einen Gruppen-Newsletter versenden? 1-bis 2-mal pro Monat halte ich für sinnvoll, wenn Ihre Inhalte entsprechend attraktiv sind.

Ein paar Tipps zum Start der Gruppe:

- XING-Gruppe beantragen (Freischaltung dauert ca. 1 Woche).
- Einstellungen vornehmen und Texte einstellen (Gruppen-Logos, Allgemeine Einstellungen, Blog per RSS integrieren usw.).

- Die Gruppe mit ersten Inhalten (Artikel/Diskussionen) füllen.
- Zuerst »Freunde des Hauses« einladen.
- »Start-Traffic« generieren bzw. die Gruppen »beleben«, Inhalte, Kommentare, Fragen, Antworten usw.
- Erst danach sollte man beginnen »fremde« Kontakt einzuladen.

Bitte haben Sie Verständnis, dass ich die Themen Social Media, XING, Gruppen usw. in diesem Buch nur kurz im Kontext zum Thema Inbound Marketing und Lead Generierung beschreibe.
Wenn Sie mehr dazu erfahren möchten oder Hilfe für das Aufsetzen und Betreiben einer XING-Gruppe benötigen, freue ich mich über Ihre Kontaktanfrage in XING.

Twitter

Für Twitter werden viele Bezeichnungen genutzt: Microblogging-Dienst, Internettagebuch, soziales Netzwerk, SMS im Internet usw.
Die Bezeichnung »Microblog« trifft es in meinen Augen am besten.
Ein Microblog ist eine »verkürzte« Form eines Blogs. Twitter stellt seinen Benutzern eine Plattform zur Verfügung, um sich in kurzen Statements bzw. Nachrichten, sogenannten »Tweets«, über die verschiedensten Themen mitzuteilen. Twitter stellt seinen Benutzern dazu die Frage: »Was gibt's Neues?«

Welche Idee steckt hinter Twitter?
Die Ursprungs-Idee von Twitter war es, dass Freunde, Bekannte und Arbeitskollegen sich nicht nur für die großen Ereignisse wie Hochzeiten und Geburtstage im Leben der Anderen interessieren, sondern auch über die kleinen Dinge in deren Leben Bescheid wissen möchten. Was tun sie gerade? Mit was beschäftigen sie sich? Welches Buch lesen sie gerade?

*Quelle: **www.twitter.com/strike2***

Welche Hobbys haben Sie? Die Macher von Twitter glauben, dass der Austausch dieser kleinen Ereignisse ein Gefühl der Verbundenheit herstellen bzw. stärken würde. Wie das treffend in einem Twitter-Werbefilm beschrieben wurde: »That makes us feel connected.«
Die Basis von Twitter ist die Frage »Was gibt's Neues?«. Diese Frage beantworten Twitter-Benutzer mit sogenannten »Tweets« (Kurz-Nachrichten bzw. Status-Meldungen). Die Länge dieser Tweets ist auf 140 Zeichen begrenzt. Diese Begrenzung hat aber auch einen großen Vorteil: Sie werden gezwungen, Ihre Nachrichten kurz und knapp zu formulieren. Das fördert die Kreativität und Sie machen sich automatisch sehr intensiv Gedanken über die Ansprache Ihrer Zielgruppe. Sie werden sich wundern, wie schnell Sie sich daran gewöhnen, Ihre Nachrichten auf 140 Zeichen zu beschränken.

Das Twitter-Prinzip lässt sich sehr gut auf den Business-Einsatz übertragen. Schreiben Sie in Twitter darüber, was es bei Ihnen Neues gibt, und verlinken Sie auf interessante Medien:

- Webseite
- Landingpage
- Blog-Artikel
- eBook
- Artikel in einer XING-Gruppe
- Video auf YouTube
- News
- Pressemeldung
- usw.

Tipp:
Für die Verlinkung nutzen Sie am besten sogenannte URL-Shortner (Kurz-URL-Dienste) wie z. B. bitly.com. Dort geben Sie die originale Webadresse ein und erhalten im Gegenzug eine viel kürzere URL zurück, die auf die Ursprungsadresse verweist. Bitly verkürzt den Link nicht nur, sondern gibt Ihnen auch noch ein Reporting, wie oft Ihre Links angeklickt wurden.
Geben Sie bei bitly z. B. den original Link mit 65 Zeichen ein: **http://inbound.demandgen.de/bessere-leads-fuer-ihr-vertriebsteam/** erzeugt bitly daraus einen Kurz-Link mit nur 20 Zeichen: **http://bit.ly/wjME4R**
So haben Sie 45 Zeichen mehr für Ihre eigentliche Nachricht.
Bitly-Links können Sie natürlich nicht nur bei Twitter nutzen. Auch wenn XING und LinkedIn eigene URL-Kürzung anbieten, können Sie dort bitly-Links nutzen. So können Sie auch hier messen, wie oft Ihre Links angeklickt wurden.

Aber bedenken Sie bitte auch in Twitter:
Bieten Sie hilfreiche Informationen und Mehrwerte!

Achten Sie auf eine gute Mischung zwischen Informationen und Angeboten bzw. Werbung. Am besten greifen Sie auf Bewährtes zurück und nutzen die Pareto-Verteilung von 80/20. 80 % Information und 20 % Angebot ist eine gute Orientierung für Ihre Tweets. Im Zweifelsfall sollten Sie immer zu mehr Information tendieren.

Wer liest Ihre Tweets?

Erst einmal niemand! Sie müssen sich zuerst einen Kreis von Lesern aufbauen. Diese Leser nennt man bei Twitter »**follower**«. Die »**follower**« sind quasi die Abonnenten Ihrer Nachrichten. Sie selbst können auch anderen Twitter-Nutzern »folgen« und deren Nachrichten lesen. Man spricht dann von »**following**«. Das ist die Gruppe von Twitter-Nutzern, denen Sie folgen.

Wie können Sie neue Follower gewinnen?

Bewerben Sie Ihre Twitter-Präsenz in Ihren bestehenden Online-Medien (Webseite, Blog usw.) und Drucksachen. Ihre Interessenten, Kunden und Partner werden Ihnen folgen, um über Ihre Neuigkeiten auf dem Laufenden zu bleiben.

Der zweite Weg ist der Aufbau von Followern innerhalb von Twitter. Dazu suchen Sie andere Twitterer und folgen ihnen. Sie können davon ausgehen, dass ca. 30-50 % dieser Twitterer Ihnen auch folgen werden.

Prüfen Sie dazu, wer aus Ihrem Umfeld in Twitter aktiv ist und

- sich mit Ihrem Thema beschäftigt.
- Ihre Schlüsselwörter benutzt.
- über Ihr Thema schreibt.
- usw.

Folgen Sie nicht wahllos jedem, der Ihnen über den Weg läuft. Pure Masse ist nicht zielführend. Sie wollen ja Follower gewinnen, die potenzielle Kunden werden könnten. Ein Teenager in Japan kommt dafür in B2B-Bereich sicher weniger in Frage.

Weitere Fragen für den Follower-Aufbau:

- Welche anderen Hersteller twittern bereits?
- Welche Magazine bzw. Zeitschriften Ihrer Branche twittern?
- Twittert Ihre Fachmesse?
- Twittern Experten und Meinungsmacher Ihrer Zielgruppe?
- …

Mit der erweiterten Suchfunktion von Twitter können Sie mit weiteren Parametern suchen.

Sie können Tweets suchen,

- die bestimmte Wörter enthalten.
- die in bestimmten Sprachen geschrieben wurden.
- die von bestimmten Personen geschrieben wurden.
- die im Umkreis einer Region geschrieben wurden,
- usw.

Tweets

Nachrichten werden in Twitter in einer Zeitleiste angezeigt. Dort erscheinen sie in zeitlich absteigender Reihenfolge. Sie sehen also oben die aktuellsten Nachrichten.

In dieser Zeitleiste können Sie die Nachrichten lesen, sie weiterleiten (Retweet) und auf eine Nachricht antworten oder einen Kommentar dazu abgeben. Das nennt man in Twitter einen »**Reply**«. Ihre Antworten und Kommentare sind öffentlich und können in der gesamten »Twitter-Gemeinde« gelesen werden. Ähnlich wie in einer XING-Gruppe können Sie auch in Twitter mit hilfreichen Kommentaren, Antworten und Links auf sich aufmerksam machen und interessante Kontakte aufbauen.

Tipp:

Denken Sie bei Ihren eigenen **Tweets,** Antworten oder Kommentaren daran: Sie bewegen sich im Internet und sehr viele Menschen können mitlesen. Verhalten Sie sich so, als ob Sie auf eine Plakatwand in der Fußgängerzone Ihrer Heimatstadt schreiben und Sie als Schreiber erkennbar sind! Es gelten die gleichen Höflichkeitsformen und gesetzlichen Regelungen wie im »richtigen« Leben!

Wie Sie den Überblick in Twitter behalten

Twitter ist mittlerweile zwar deutlich übersichtlicher geworden und bietet immer mehr Funktionen. Ich nutze aber trotzdem gerne das webbasierende Social-Media-Dashboard Hootsuite.

Quelle: ***www.hootsuite.com***

Mit www.hootsuite.com kann man mehrere Social-Media-Kanäle verwalten und Filter für Kanäle, Begriffe und Listen aufbauen.
Die Teamfunktion unterstützt das Handling von eingehenden Nachrich-

ten, Anfragen oder Beschwerden im Team. Man kann den entsprechenden Tweet z. B. mit einem Kommentar zur Bearbeitung an einen Kollegen weiterleiten. Wenn Teams mit Hootsuite arbeiten, kann man die Spalten und Filtereinstellungen mit den Teammitgliedern teilen. So arbeiten alle mit den gleichen Filtern und Ansichten und man spart das manuelle und individuelle Anpassen und Ändern.
Unterstützt werden Facebook, Twitter, LinkedIn, und *Google+* Pages. Es gibt auch »Content-Apps« für YouTube, Flickr und Tumblr, Digg und mehr Möglichkeiten im ständig wachsenden Hootsuite App-Verzeichnis. Leider gibt es bisher noch keine Integration für XING. Aus meiner Erfahrung ist Hootsuite aber sehr offen für Feedback und Vorschläge für Social-Media-Plattformen. Es ist also gut möglich, dass es in Zukunft so eine Integration auch für XING geben wird.
Unterwegs kann man Hootsuite auch mit den Versionen für die gängigen Smartphone- und Tablet-Plattformen nutzen.
Wenn Sie mehr über die Nutzung von Twitter im Business erfahren möchten, werfen Sie doch mal einen Blick in mein Buch »Twittern für Manager«. Informationen dazu finden Sie unter www.twittern-fuer-manager.de oder z. B. auch bei Amazon.

Social Media »Gesamt-Komposition«

Diese Darstellung nutze ich in meinen Beratungsprojekten, weil sie verdeutlicht, wie man die Social-Media-Kanäle so »komponiert«, dass sie die eigene Webseite »stärken« und bei der Interessentengewinnung optimal zur Wirkung kommen.
Im Mittelpunkt stehen die eigene Webseite und ihre Landingpages, die für die Konvertierung der Webseitenbesucher sorgen. Über die Bedeutung von Landingpages erfahren Sie mehr im nächsten Kapitel.
Auf dieser Darstellung streichen wir die Kanäle, die für den geplanten

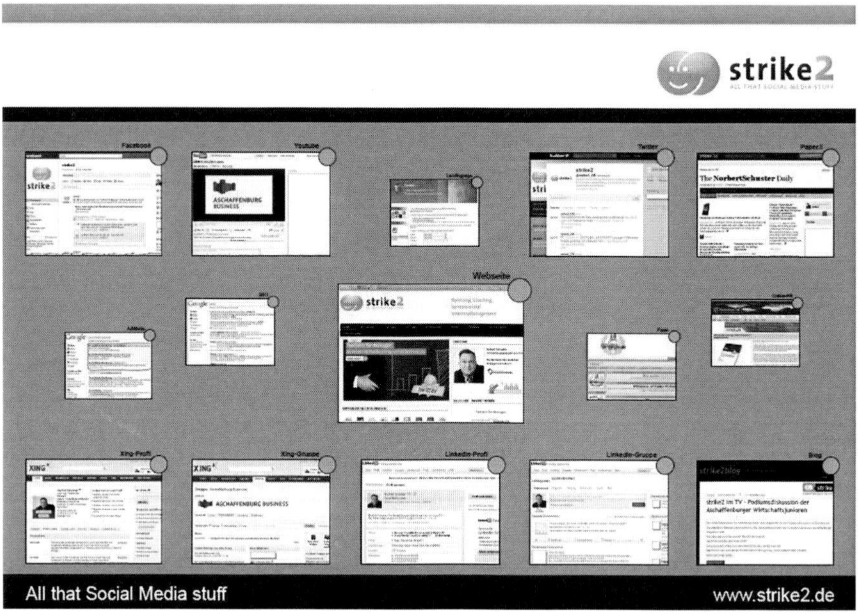

Quelle: strike2

Einsatz beim Kunden keinen Sinn machen. Zum Beispiele Facebook bei einem B2B-Unternehmen und Linkedin, wenn der Fokus auf dem deutschsprachigen Bereich liegt.

Die relevanten Kanäle und Themen verbinden wir und definieren dabei, wie man Inhalte auf die einzelnen Kanäle adaptiert und die Reichweite und Möglichkeiten der Kanäle zur Bewerbung der Mehrwerte nutzen kann.

Das Wichtigste in Kürze:

- **Hören Sie in den Social-Media-Kanälen, ob, was und wie über Sie, Ihre Produkte und Ihre Branche gesprochen wird!**
- **Starten Sie Social Media mit Strategie und Plan!**
- **Nutzten Sie XING – aber richtig!**

Platz für Ihre Notizen:

Social Media: XING, Twitter & Co.

6. Aus Webseitenbesuchern Leads machen

Wenn Sie die oben beschriebenen Punkte (SEO- und Webseiten-Optimierung, Bloggen, Social Media) erfolgreich umgesetzt haben, sollten Sie schon einen Anstieg Ihrer Webseitenbesucher verzeichnen können.

Leider sind diese neuen Besucher aber auch schnell wieder weg, wenn Sie ihnen keine guten Gründe zum Bleiben bieten. Achten Sie also unbedingt darauf, qualitativ hochwertigen Inhalt auf Ihrer Webseite zu publizieren!

Sie ahnen es schon: Schon wieder so ein Moment der Wahrheit!

6.1 Was bieten Sie Ihren Besuchern?

Hochglanz-Prospekte? Zahlen, Daten Fakten? Selbstbeweihräucherung à la »Wir sind die Besten!«, »Höher, schneller, weiter…«???

Plattitüden dieser Couleur überzeugen Kunden schon lange nicht mehr. Ermitteln Sie, wie Ihre Kunden suchen, wie sie sich informieren und wie sie entscheiden! Welche Motive gibt es z. B. für den Kauf eines Autos oder einer Software-Lösung? Sicherheit, Dynamik, Status, Features …? Was treibt wen zu welchem Angebot?

Und ganz entscheidend: Bieten Sie die entsprechenden Informationen und Mehrwerte! Eine gelungene Konvertierung ist ein Tausch mit einem Gewinn für beide Seiten. Sie bieten hilfreichen, wertvollen Mehrwert bzw. Information und erhalten im Gegenzug dafür von Ihrem potenziellen Kunden seine Daten und die Zustimmung, ihm weitere Informationen anbieten zu dürfen.

6.2 Konvertierung

Bleibt die Frage: Wie konvertiert man Webseitenbesucher denn konkret? Ein Besucher Ihrer Webseite ist erst einmal anonym. Sie können zählen, wie viele Besucher den Weg zu Ihnen finden. Zu diesem Zeitpunkt wissen Sie aber noch nicht, wer genau sich für Ihr Angebot interessiert. Sie kennen weder die Person, noch haben Sie die Erlaubnis die Person anzusprechen. Es gibt Lösungen wie z. B. http://www.vertriebsassistent.de, die Ihnen helfen herauszufinden, welche Firmen Ihre Seite besucht haben.

Lösungen wie der Vertriebsassistent zeigen Ihnen, welche Firmenbesucher auf Ihrer Webseite waren. Sie erhalten Informationen wie:

- Firmennamen
- PLZ/Ort/Land
- Anzahl der Seitenaufrufe
- Produkte und Dienstleistungen, für die sich der Besucher interessiert hat

Mit dieser Lösung erkennen Sie zu einem sehr frühen Zeitpunkt, wer sich für Ihr Angebot interessiert hat. Sie identifizieren Branchen und Firmen. Mit dieser Information können Sie Ihre Kommunikation und Ihre Nutzenargumentation schärfen. Wenn Sie z. B. erkennen, dass viele Besucher einer bestimmten Branche Ihre Webseite besuchen, Sie aber bislang noch keine 100%ig passenden Inhalte anbieten, können Sie reagieren und so Ihre Konvertierungs-Chancen erhöhen.

Mit diesen Information über die Firmen, die Ihre Webseite besuchen, können Sie:

- die Adressen der Unternehmen kaufen und eine Outbound-Aktion starten.
- die entsprechenden Ansprechpartner in XING suchen und ansprechen.
- prüfen, welche Ansprechpartner dieser Unternehmen schon mit Ih-

rem Vertrieb sprechen bzw. in Ihrem CRM-System gelistet sind und evtl. die entsprechenden Schritte einleiten
- usw.

Alles in allem wertvolle Informationen für Ihre weiteren Vertriebs- und Marketing-Aktivitäten.
Bleibt trotzdem noch die Frage nach der Person!
Jetzt kommt die eigentliche Konvertierung zum Tragen.

Wie läuft so eine Konvertierung ab?
- Sie bieten Ihren Webseitenbesuchern ein interessantes Angebot → z. B. eBook, Checkliste usw.
- Sie sagen ihm klar und deutlich, was er tun muss, um den Inhalt zu bekommen. → Handlungsaufforderung/call-to-action.
- Sie führen ihn zu einer speziell dafür eingerichteten Webseite, die auf Ihr Angebot optimiert ist. → Landingpage
- Der Webseitenbesucher trägt seine Daten (z. B. Name und E-Mail-Adresse) in ein Formular ein, akzeptiert Ihre Datenschutzbestimmungen und bestätigt seine Eingaben mit einem Mausklick auf den Anforderungs-Button.
- Sie stellen den angeforderten Inhalt zur Verfügung.

Das Ergebnis: **Aus einem anonymen Webseitenbesucher wurde ein »bekannter« Interessent.**

6.3 Die Elemente des Konvertierungs-Prozesses

Ihr Angebot
Ihr Angebot ist der entscheidende Teil der Konvertierung. Das Angebot muss die Aufmerksamkeit des Webseitenbesuchers gewinnen, ihn auf

Ihre Landingpage ziehen und ihm einen guten Grund geben, Ihr Web-Formular auszufüllen.
Über mögliche Inhalte und Formate haben Sie im Kapitel 2.4 ja schon einiges erfahren. Formulieren Sie Ihr Angebot einfach und unkompliziert und stellen Sie den Nutzen deutlich heraus.

Call-to-action/Handlungsaufforderung
Sagen sie Ihren Besuchern klar und deutlich, was sie tun müssen, um Ihr Angebot anzufordern. Nutzen Sie »calls-to-action«!

Ein call-to-action sollte:

- eine klare Handlungsaufforderung enthalten
  »Laden Sie hier …«
- Ihr Angebot deutlich darstellen
  »…das kostenlose eBook …«
- den Nutzen Ihres Angebotes transportieren
  »…mit dem Sie …«
- auffallend gestaltet sein
- zur Überschrift und dem Inhalt Ihrer Landingpage passen
- einen Link auf die entsprechende Landingpage enthalten

Platzieren Sie calls-to-action:

- auf Ihrer Homepage
- auf den Unterseiten
- in der Sidebar Ihres Blogs
- am Ende Ihrer Blog-Artikel
- auf den meist besuchten (Unter-)Seiten
- auf den Seiten, die Ihre Leads besuchen
- auf den Seiten, auf die von extern verlinkt wird
- in Ihren E-Mails bzw. Newslettern
- auf Ihren Print-Medien wie Flyer, Anzeigen, Postern, Messe-Displays

usw. In Verbindung mit einem QR-Code ist das auch eine interessante Möglichkeit, Besucher auf Ihre Landingpage zu leiten.

- …

Landingpage

Stellen Sie sich vor, Sie erhalten ein Angebot für eine interessante Checkliste und möchten sie anfordern. Der angegebene Link führt Sie aber auf die Startseite des Anbieters. Dort finden Sie alle möglichen Informationen über den Anbieter, seine Produkte, offene Stellen, Pressemeldungen usw. Die Checkliste, die Sie eigentlich interessiert, finden Sie aber auf Anhieb nicht. Wie lange würden Sie danach suchen? Wie hoch schätzen Sie die Absprungquote bei diesem Vorgehen ein?

Stellen Sie sich vor, der angegebene Link führt Sie zu einer speziell für diesen Zweck eingerichteten Seite, einer Landingpage. Auf dieser Seite wird inhaltlich auf das Angebot Bezug genommen und Sie werden nicht mit anderen Inhalten und Menüpunkten abgelenkt. Sie müssen nicht suchen und Sie sehen sofort, was Sie tun müssen, um die Checkliste anzufordern. Wie hoch schätzen Sie die Absprungquote bei dieser Variante ein?

Es erklärt sich sicher von selbst, dass die Landingpage-Variante deutlich besser konvertiert.

Die Elemente einer Landingpage:

- Überschrift
- Text
- Bild
- Web-Formular
- call-to-action

Beispiel von Landingpages:

Quelle: DemandGen AG

Quelle: strike2

Tipps für Ihre Landingpage:

- Die Überschrift der Landingpage sollte zum Angebot passen.
- Formulieren Sie das Angebot und den Nutzen klar und deutlich.
- Bieten Sie nur relevante Inhalte an.
- Platzieren Sie nur ein Angebot pro Landingpage. Zu viele Angebote verwirren den Besucher nur und erhöhen die Absprungquote.
- Fragen Sie im Formular nur die Daten ab, die im aktuellen Stadium des Kaufprozesses sinnvoll sind. Auch gilt: Je mehr Informationen Sie abfragen, desto höher ist die Absprungquote. Fragen Sie deshalb nur die Daten ab, die Sie für den Erstkontakt benötigen. Anrede, Name, E-Mail-Adresse und die Zustimmung zu den Datenschutzangaben sind in der Regel für das erste Mal ausreichend. Weitere Daten können Sie in den nächsten Kontaktstufen (Lead Nurturing, Kapitel 7) abfragen.
- Platzieren Sie auf Ihrer Landingpage keine weiteren Menüpunkte bzw. Navigation.
- Das Ziel einer Landingpage ist Konvertierung! Es geht hier nicht um die Übermittlung von Wissen, sondern nur um die Konvertierung der Seitenbesucher.
- Nutzen Sie Landingpages auch für Ihre »Offline-Medien« wie Flyer, Anzeigen, Plakate usw. Mit QR-Codes leiten Sie Kontakte von diesen Medien auf Ihre Landingpages.

Wenn der Interessent seine Daten eingeben hat, führen Sie ihn auf eine »Danke-Seite«, auf der er auf Ihr Angebot zugreifen kann, oder senden Sie ihm eine E-Mail mit einem Link zum Download.

QR-Code

Ein QR-Code ist ein 2D-Code, der in Form eines Quadrates durch schwarze Punkte auf weißem Hintergrund dargestellt wird. Mit einem QR-Code kann man Zahlen und Buchstaben mit einer Kapazität von über 4.200 alphanumerischen Zeichen (Zahlen, Buchstaben und Sonderzeichen) verschlüsseln und z. B. eine URL darstellen. Scannt man so einen QR-Code mit einem Smartphone mit der passenden App, wird der Benutzer direkt zur Webseite geleitet. QR-Codes können sogar mit Ihrem Logo »verfeinert« werden.

Das sehen Sie hier am Beispiel meines QR-Codes:

Dieser Code führt Sie direkt zur Webseite dieses Buches. Erstellt wurde der QR-Code mit meinem Firmenlogo von *www.qrcode-generator.de*.

Neben der Weiterleitung zu einer Landingpage kann ein QR-Code aber auch:

- ein YouTube-Video starten
- das Abspielen einer MP3 starten
- das Abspielen einer Bildergalerie starten
- Ihre Kontaktdaten in das Adressbuch eines Smartphones speichern
- Texte zur Verfügung stellen
- usw.

Für das Thema Leadgenerierung ist die Variante von QR-Codes, die den potenziellen Kunden direkt zu einer Landingpage leitet, aber wichtiger. Wenn Sie eine Landingpage in Kombination mit einem QR-Code einsetzen möchten, gibt es aber noch etwas zu beachten: Diese Landingpage muss für den Zugriff von mobilen Endgeräten optimiert sein!

Dabei ist wichtig:

- Die Schrift und die Navigation müssen für die mobilen Endgeräte optimiert sein.

- Platzieren Sie nicht zu viel Text auf den mobilen Landingpages.
- Denken Sie an die Ladezeiten
- Das Webseiten-Formular muss einfach und unkompliziert von einem mobilen Endgerät ausgefüllt werden können.
- Die Landingpage sollte generell für die berührungssensitive Bedienphilosophie der mobilen Endgeräte optimiert sein.
- Wie funktioniert ein Download? Direkt oder per Link in einer E-Mail?

Eine Landingpage für die mobile Nutzung können Sie selbst entwickeln (lassen). Mittlerweile gibt es aber auch Anbieter, die sich auf das Thema Landingpage und speziell auf mobile Landingpages spezialisiert haben. Neben dem »normalen« Einsatz für Anfragen, kann man diese Landingpages z. B. auch für Aktionen, Assessments, Umfragen oder ein Quiz nutzen.
Ein deutscher Anbieter ist z. B. www.miplets.de. Neben der unkomplizierten Erstellung von »normalen« Landingpages bietet Miplets auch die Erstellung von speziellen Landingpages für die Nutzung von mobilen Endgeräten an.

6.4 Optimierung

Das Bessere ist der Feind des Guten!
Wenn Sie Ihren ersten Konvertierungs-Prozess aufgebaut haben, können Sie Ihre Konvertierungsrate ermitteln:

Anzahl Leads/Anzahl Webseitenbesucher
Diese Quote ist das Ergebnis Ihrer ersten Kombination aus einem interessanten Angebot, einem call-to-action, einer entsprechenden Landingpage und einer Ansprache. Sehr wahrscheinlich ist diese Kombination aber noch nicht die bestmögliche. Um Ihren Konvertierungs-Prozess zu

optimieren, sollten Sie experimentieren. Variieren Sie das Angebot, nutzen Sie unterschiedliche calls-to-action und ändern Sie die Inhalte Ihrer Landingpage. Aber ändern Sie nur ein Element auf einmal. Ansonsten können Sie nicht herausfinden, welche Änderung das neue Ergebnis ausgelöst hat. Mit der Zeit werden Sie so feststellen, welche Konstellation am besten funktioniert.

Tipp:
Viel hilft nicht immer viel! Sie können noch so schnell laufen. Wenn Sie in die falsche Richtung laufen, kommen Sie trotzdem nicht ans Ziel!
Oder um es anders auszudrücken: Solange Ihre Konvertierung nicht funktioniert, nützen Ihnen auch die doppelte Anzahl Besucher auf Ihrer Webseite nichts!

Das Wichtigste in Kürze:

- **Bieten Sie Ihren Webseitenbesuchern wertvolle und hilfreiche Informationen und Mehrwerte!**
- **Sagen Sie Ihren Webseitenbesuchern klar und deutlich, was sie tun müssen, um Ihr Angebot anzufordern!**
- **Hören Sie nicht auf zu messen und zu optimieren!**

Platz für Ihre Notizen:

Aus Webseitenbesuchern Leads machen

7. Wie Sie Leads zu Kunden entwickeln

Sie haben es geschafft! Ihre Webseite wurde von einem pozentiellen Kunden gefunden. Er hat sich für Ihr Angebot interessiert, ist Ihrem call-to-action gefolgt und hat auf Ihrer Landingpage das Formular ausgefüllt. Jetzt haben Sie einen Namen, eine E-Mail-Adresse, eventuell sogar eine Telefonnummer und sein Einverständnis, ihn zu kontaktieren. Was soll jetzt noch schiefgehen? Eigentlich könnte jetzt doch Ihr Vertrieb übernehmen und den Auftrag »holen«, oder?

7.1 Der Kaufprozess oder ist Ihr Interessent »sales-ready«?

Da stellt sich nur eine Frage: Ist der Interessent schon so weit? Will er überhaupt schon den Kontakt zu einem Verkäufer?

Erinnern Sie sich an den »Zero Moment of Truth« aus dem ersten Kapitel? Dort haben Sie gelesen, dass mittlerweile 84 % aller Käufe durch das Internet beeinflusst werden. Aber was bedeutet das für das Kaufverhalten? Interessenten informieren sich früher und intensiver vor ihrer Kaufentscheidung. Sie suchen und sammeln Informationen, wie z. B. eBooks, Whitepaper, Testberichte oder Checklisten, und beschäftigen sich mit dem Thema. In der Regel ist das noch nicht der richtige Zeitpunkt für ein Verkaufsgespräch. Ganz im Gegenteil, je nach Thema bzw. Produktbereich ist es vielleicht sogar noch nicht einmal der richtige Zeitpunkt für alle Informationen.

Nehmen wir mal ein allgemeines Beispiel: Stellen Sie sich vor, die erste Frühlingssonne oder eine TV-Werbung bringt Sie auf die Idee, dass Sie

in einem schicken Cabrio doch eine gute Figur machen würden. Interessieren Sie sich zu diesem Zeitpunkt für Leasing-Konditionen oder Überführungskosten? Ganz sicher nicht!
Wahrscheinlich sammeln Sie erst einmal alle Informationen und stöbern im Internet. Sie besorgen sich Prospekte, vergleichen Modelle und überlegen sich, warum ein Cabrio gerade jetzt die »vernünftigste« Wahl ist. Und natürlich, wie Sie sich das selbst und Ihrem Umfeld »verkaufen« können. Wie würden Sie sich fühlen, wenn Ihnen ein Autoverkäufer jetzt erklären würde, welche Vorteile das Modell XY hat, zu welchen Konditionen er Ihr altes Fahrzeug in Zahlung nehmen würde und wie viel Rabatt er Ihnen gewähren kann? Zugegeben, das können alles spannende Informationen sein. Aber nicht zu diesem Zeitpunkt!

Sonst geht es Ihnen wie diesem Herren beim ersten Rendezvous:

Bild: »Customer-Romance-01« – Illustration von Ray Rubeque

Der erste Eindruck ist positiv, Interesse ist vorhanden und wird sogar mit einer Frage ausgedrückt.
Die Reaktion ist aber etwas unpassend. Der Herr fällt mit der Tür ins Haus und verspielt damit die eben erst gewonnene Sympathie.

Bild: »Customer-Romance-02« – Illustration von Ray Rubeque

Sie erreichen viel mehr, wenn Sie dem Interessenten erst einmal helfen, die richtigen Informationen zu finden und sich schlauzumachen.

Geben Sie dem Interessenten die Informationen, die für sein Stadium im Kauf- bzw. Entscheidungsprozess relevant sind!

Um bei unserem Beispiel zu bleiben:
Mögliche Stufen für das Beispiel Autokauf:

1. Stufe: Allgemeines Prospekt über das Modell
2. Stufe: Video Fahrbericht
3. Stufe: Testberichte eines Automagazins
4. Stufe: Einladung zur Probefahrt

Damit entwickeln Sie den Interessenten schrittweise im Kaufprozess bis zur »Kaufreife«. In diesen Schritten können Sie auch immer mehr Informationen von ihm sammeln und so z. B. herausfinden, welche Motive ihn zum Kauf leiten.
Welche Motive gibt es für den Autokauf, Status, Lifestyle, Sicherheit, Fahrdynamik, Kosteneffizienz …?
Die meisten dieser Motive gelten natürlich auch für andere Branchen und Sie können dieses Beispiel sicher auch auf Ihren Lead-Prozess übertragen.
Wenn Sie die Motive Ihres Interessenten kennen, hilft Ihnen das dabei, ihm im nächsten Schritt das passende Angebot zu senden. Wenn er angegeben hat, dass Sicherheit ein wichtiger Aspekt für die Wahl eines neuen Fahrzeugs ist, wäre es doch clever, ihm einen Bericht über die neuen Assistenz-Systeme und Funktionen zur Unfallvermeidung zu senden?! Bei der Einladung zur Probefahrt kann man ihm dann anbieten, live zu erleben, wie sicher er und seine Familie sich im Modell XY fühlen können und wie einfach ein Kindersitz mit dem Isofix-Befestigungssystem eingebaut werden kann.
Der Verkäufer muss dann beim ersten Besuch im Autohaus auch gar nicht lange mit PS, Hubraum und Fahrspaß im Dunkeln »stochern« und den Kunden damit möglicherweise sogar vertreiben. Er spricht von Anfang an die »Sprache« des Kunden und dieser wird sich verstanden und gut aufgehoben fühlen. Warum sollte er sich dann eigentlich noch woanders umschauen?
Wie gesagt: Das ist nur ein Beispiel. Das Prinzip lässt sich aber auf andere Bereiche übertragen und in abgewandelter Form auch für den Lead-Pro-

zess für Software, Hydraulikpumpen, Gasdurchflussmessung, Druckluft-Controlling oder andere B2B- und B2C Themen übertragen.

Kaufprozess

Kennen Sie den Entscheidungs- bzw. Kauf-Prozess Ihrer potenziellen Kunden gut genug, um das Beispiel Autokauf auf Ihr Geschäft zu übertragen?

Firmen, die eine Beziehung zu ihren Interessenten aufbauen, bleiben in den Köpfen ihrer potenziellen Kunden, bis sie kaufbereit sind und so vom Interessenten zum Kunden werden.

Die kontinuierliche Entwicklung eines Interessenten durch das Angebot von relevanten Informationen zum richtigen Zeitpunkt nennt man »Lead Nurturing«.

7.2 Lead Nurturing

Lead-Nurturing-Kampagnen sind in der Regel mehrstufig. Sie haben einen Start- (z. B. Eintrag auf einer Landingpage) und einen End-Punkt (Kauf oder Übergabe an den Vertrieb).

Exemplarischer Aufbau einer Lead-Nurturing-Kampagne:

- Der Interessent nimmt Ihr Angebot an und füllt das Formular auf der Landingpage aus, um Ihre Checkliste anzufordern. Das ist der Startpunkt der Lead-Nurturing-Kampagne.
- Drei Tage später senden Sie ihm eine E-Mail und bieten ihm ein eBook an.
- Wieder fünf Tage später bieten Sie ihm den Download eines Anwenderberichts an.
- Weitere fünf Tage später laden Sie ihn zu einem Webinar ein.

Wenn der Interessent alle Angebote angenommen hat, wird er nach dem Webinar von einem Vertriebsmitarbeiter kontaktiert. Steigt er bei einer der Nurturing-Stufen aus oder signalisiert er dem Vertriebsmitarbeiter, dass er noch keine akute Kaufabsicht hat, kann er später mit einer speziellen Nurturing-Kampagne erneut angesprochen werden.
Um Lead-Nurturing-Kampagnen komfortabel und automatisiert zu realisieren, gibt es leistungsfähige Lösungen wie z. B. HubSpot. Mehr Informationen dazu finde Sie unter: http://www.demandgen.de/leistungen/inbound-marketing/

Tipps für Lead Nurturing:

- Schreiben Sie mit einem persönlichen Absender.
- Nehmen Sie Bezug auf den vorhergehenden Kontakt – z. B. die Anforderung einer Checkliste.
- Bieten Sie Mehrwert!
- Sagen Sie Ihrem Interessenten, was er tun soll:
  - Lesen Sie das …
  - Laden Sie hier …
- Die Landingpage ist die Erweiterung Ihrer E-Mail.
- E-Mail und Landingpage müssen zusammenpassen.
- Nutzen Sie A/B Tests:
  - Testen Sie verschiedene Varianten.
  - Messen und optimieren Sie!

Das können Sie verändern bzw. optimieren:

- Das Wording des E-Mail-Betreffs.
- Der Inhalt der E-Mail.
- Das Angebot bzw. den nächsten Schritt, den Sie in der Mail anbieten.
- Den Zeitpunkt des E-Mail-Versands in Bezug auf das Stadium des Kaufprozesses.
- Den Versandzeitpunkt – Tag, Uhrzeit.

- Ist Ihr Angebot wirklich nützlich, informativ und hilfreich für den Empfänger?

Die Vorteile von Lead Nurturing:

- Verbesserte Conversion-Rate
- Erhöhung der Anzahl qualifizierter Leads
- Verkürzung des Kaufprozesses
- Steigerung des Marketing ROI
- Bessere Leads für Ihren Vertrieb

Informationen über Lead Nurturing finden Sie auch im Blog von DemandGen: www.leadmanagement-blog.de

Das Wichtigste in Kürze:

- **Geben Sie Interessenten die Informationen, die für ihr Stadium im Kauf- bzw. Entscheidungsprozess relevant sind!**
- **Lernen Sie den Entscheidungs- und Kaufprozess Ihrer potenziellen Kunden kennen.**
- **Entwickeln Sie Webseitenbesucher mit relevanten Informationen, bis sie »kauf- bzw. vertriebsreif« sind!**

Platz für Ihre Notizen:

Leads zu Kunden entwickeln

8. Analyse und Optimierung

Nur das, was man messen kann, kann man auch optimieren!
Wenn Sie Ihren Leadgenerierungs-Prozess aufgebaut haben, wird es Zeit, über die Optimierung und Steigerung der Effizienz nachzudenken.
Was möchten Sie mit Inbound Marketing erreichen? Was ist Ihr wichtigstes Ziel?
Speziell zum Thema Social Media sagen viele Experten, dass die Aktivitäten in den sozialen Netzwerken nicht bzw. nur schwer messbar wären. Das stimmt natürlich für einige Effekte (Aufmerksamkeit, Kundenbindung, Dialog usw.), die in diesen Netzwerken erreicht werden können. Den Beitrag, den Social-Media-Aktivitäten zur Leadgenerierung leisten, können Sie aber sehr wohl messen.
Das ist das Schöne am Internet-Business: die Messbarkeit.
Sie können auf fast allen Ebenen messen und so Ursache und Wirkung in Bezug setzen. Das »große« Ziel von Inbound Marketing ist die Generierung von mehr bzw. besseren Interessenten. Welche einzelnen Werte gemessen werden sollen, hängt natürlich vom Unternehmen, der Branche und den individuellen Zielen ab.
Wenn Sie keine Ziele setzen und nicht messen, können Sie auch nicht optimieren. Zu viele Messungen machen aber auch keinen Sinn. Fangen Sie am besten mit einigen Werten an und bauen Sie Ihre Metrik bei Bedarf weiter aus.
Eine sehr wichtige Information ist aus meiner Sicht, welche Ergebnisse durch welche Aktivitäten ausgelöst wurden. Wobei Ergebnisse auf den verschiedensten Ebenen erzielt werden können.

first-action

Dieser Begriff beschreibt, durch welche Aktivität ein Interessent zum Erstkontakt animiert wurde. Also warum und wie kam ein potenzieller Kunde auf Ihre Webseite und hat zum ersten Mal ein Formular auf einer Landingpage ausgefüllt? Eine wichtige Information, um Ihre Aktivitäten, Kanäle und Kosten zu bewerten, die Besucher für Ihre Webseite generieren.

last-action

Der Begriff »last-action« beschreibt die letzte Marketing-Aktion, die den Kunden dazu bewogen hat, den Kontakt zu Ihrem Vertrieb aufzubauen. Eine wichtige Information, die zeigt, wie gut Sie den Entscheidungs- und Kaufprozess Ihrer Kunden verstanden haben und wie gut Ihre Nurturing-Kampagnen funktionieren.

Beispiel:

Sie haben eine Xing-Gruppe aufgebaut und potenzielle Kunden eingeladen. In der Gruppe haben Sie über Ihr Thema informiert und Fragen der Gruppenmitglieder beantwortet bzw. diskutiert. Ein Gruppenmitglied hat Ihre Einladung, eine Checkliste zu laden, angenommen und seine Daten auf Ihrer Landingpage eingetragen. Danach hat er ein eBook geladen, an einem Webinar teilgenommen und schließlich mit einem Ihrer Vertriebsmitarbeiter gesprochen und letztendlich gekauft.
Dieser Kunde wurde ursächlich durch Ihre Aktivitäten in Xing generiert (first-action) und Sie können ihn Ihren Xing-Aktivitäten und den dadurch verursachten Kosten zuordnen. Eine wichtige Information, um über den weiteren Umfang Ihrer Xing-Aktivitäten (mehr Aktivität/Kosten, Zustand beibehalten, Aktivitäten optimieren oder stoppen) zu entscheiden.
Das Webinar war die letzte Marketing-Aktivität (last-action), bevor der Kunde mit dem Vertrieb in Kontakt kam. Wichtig zu wissen, um die

Konvertierung von Lead zum Kunden zu bewerten und den Verkaufsabschluss vorzubereiten.

8.1 Schritte für die Analyse & Optimierung

1. Analyse-Programme

Analyse-Lösungen helfen Ihnen bei der Auswertung Ihrer Daten. Von *Google* gibt es dafür z. B. »*Google*-Analytics™«, www.google.com/intl/de/analytics/. Weitere Anbieter von Analyse-Tools aus Deutschland sind z. B. www.econda.de, www.vertriebsassistent.de und www.wiredminds.de. HubSpot (www.hubspot.com) bietet neben den Analysemöglichkeiten eine komplette Plattform für die Umsetzung der Inbound-Marketing-Methode an.

2. Ziel-Fokussierung

Finden Sie heraus, was Sie optimieren möchten. Wollen Sie mehr Besucher für Ihren Blog generieren oder mehr Webseitenbesucher zu Leads konvertieren? Suchen Sie dann permanent nach Optimierungspotenzialen.

3. Ziele definieren

Definieren Sie messbare Ziele mit einem zeitlichen Bezug.
Beispiel: »In den nächsten x Wochen möchten wir y mehr Leads auf unserer Webseite generieren.«

4. Optimierung

Welche Ihrer Aktivitäten haben funktioniert und helfen Ihnen, Ihre Ziele zu erreichen? Macht es Sinn, diese Aktivitäten zu erweitern? Welche Kampagnen haben noch Optimierungspotenzial? Gibt es Aktivitäten, die Sie eventuell ganz stoppen bzw. überdenken sollten?
Von Ihren Zielen und Ihren Schwerpunkten können Sie Ihre Metrik ableiten.

Was Sie z. B. messen können:

- Anzahl der eingehenden Links
- Webseitenbesucher
  - Neue Besucher
  - Wiederkehrende Besucher
- Rate Besucher/Leads
- Klicks
- Konvertierungsrate
- Leads
- Newsletter-Abonnenten
- Click-Through Rate (CTR)
- Kunden
- …

aufgeschlüsselt nach:

- Aktivitäten
- Quellen
- Kampagnen
- Branchen
- Keywords
- Zeitraum
- …

Tipps für Analyse und Optimierung:
Die Inbound-Marketing-Software HubSpot deckt die gesamte Palette der Inbound-Marketing-Methode ab. Neben umfangreichen Funktionen für das »Gefundenwerden«, Konvertieren und die Entwicklung von Leads zu Kunden bietet sie auch umfangreiche Analysefunktionen und Hilfestellung zur Optimierung Ihrer Inbound-Marketing-Maßnahmen.

Im Analysebereich finden Sie verschiedene Auswertungen:

- Blog Analyse
  - Wie oft wurden Artikel gelesen?
  - Gibt es Kommentare zu Ihren Artikeln?
  - Wie oft wird auf Ihre Artikel im Internet verlinkt?
  - Wie oft wurde Ihr Blog per E-Mail oder RSS-Feed abonniert?
- Reichweite Ihrer Aktivitäten
  - Welche Reichweite realisieren Sie über welche Kanäle?
- Wettbewerbs-Analyse
  - Wie steht Ihre Webseite im Gegensatz zu Ihren Marktbegleitern?
  - Wie viele Inbound-Links hat Ihr Wettbewerb?
  - Wer verlinkt auf die Seiten Ihres Wettbewerbs?
  - Welche Schlüsselwörter nutzt Ihr Wettbewerb?
- Quellen
  - Welche Leads kommen aus welchen Quellen?
  - Wie und mit welchen Schlüsselwörtern werden Sie in der »organischen« Suche gefunden?
  - Wie viele Besucher haben Sie und wie viele Interessenten konnten Sie mit welchen Schlüsselwörtern generieren?
- Social Media
  - Über welche Social-Media-Kanäle konnten Sie wie viele Besucher und Interessenten generieren?

Unter www.HubSpot.com können Sie sich für einen kostenlosen 30-Tage-

Test eintragen. Wenn Sie sich die Plattform in einer Online-Sitzung zeigen lassen möchten, finden Sie dazu hier mehr:
http://bit.ly/zmTLTx

Das Wichtigste in Kürze:

- **Definieren Sie Ziele!**
- **Messen und optimieren Sie stetig!**
- **Finden Sie heraus, wie Ihr Marketing zur Erreichung Ihrer Unternehmensziele beitragen kann!**

Platz für Ihre Notizen:

Analyse und Optimierung

9. Neue Möglichkeiten durch Inbound Marketing

Welchen Einfluss hat Inbound Marketing auf Vertrieb, Marketing und den Lead-Prozess?
Vergessen wir jetzt die klassischen Marketing-Aktivtäten und beschäftigen wir uns nur noch mit Social Media und Inbound Marketing?
Gerade über das Thema Social Media wird das ja gerne und oft postuliert.
Oder ist das alles neumodischer Kram, der bald wieder von der Bildfläche verschwunden sein wird?
Ich glaube, wie so oft liegt die Wahrheit in der Mitte. Unternehmen können den größten Nutzen generieren, wenn sie die klassischen Aktivitäten und Vorgehensweisen mit den »New School«-Themen kombinieren.

9.1 Inbound/Outbound-Kombination

Beispiele für die Kombinationsmöglichkeiten von Inbound- und Outbound-Aktivitäten:

Telefonische Kaltakquisition
Die telefonische Kaltakquisition hat oftmals das Ziel, direkt zu verkaufen oder einen Termin zu vereinbaren. Beide Ziele sind für einen Erstkontakt sehr hoch gesteckt und verlangen viel Engagement und Vertrauen von der angesprochenen Person.

Gibt man der Kaltakquisition das Ziel, z.B. »nur« ein kostenloses eBook anzubieten, ergeben sich daraus folgende Nutzen:

- Niedrigere Einstiegsschwelle für den Angerufenen.

- Weniger Druck für den Call-Agent – er muss nicht mehr direkt verkaufen.
- Das Unternehmen bietet wertvolle Informationen und Mehrwerte und wird auch dementsprechend vom Angerufenen wahrgenommen.
- Nimmt der Angerufene das Angebot an, kann er durch Lead-Nurturing-Kampagnen zum Kunden weiterentwickelt werden.

Ähnliche Mechanismen und Nutzen lassen sich auch auf andere Push-Medien wie z. B. Serienbriefe oder Anzeigen übertragen.

Nachfassen und Abschluss

Hat ein Interessent einen Nurturing-Prozess durchlaufen und ist als »sales-ready« eingestuft, kann der Vertrieb viel zielgerichteter und effizienter eingesetzt werden. Durch den Nurturing-Prozess wurde das Profil des Kontaktes geschärft. Der Vertriebsmitarbeiter weiß, wofür sich der potenzielle Kunde interessiert, welche Informationen und Mehrwerte er angefordert und welche Fragen er in den Web-Formularen wie beantwortet hat. So beschäftigt sich der Vertrieb mit den kaufbereiten Leads und kann viel konkreter auf das Interesse und die Kaufmotive seines Gegenübers eingehen.

Interessent kauft jetzt noch nicht

Der Interessent findet das Angebot zwar interessant, möchte oder kann sich aber noch nicht entscheiden zu kaufen. Im besten Fall wird der Vorgang dann im Vertrieb auf Wiedervorlage gelegt und nach einigen Monaten wieder kontaktiert. Ob und was sich in dieser Zeit an der Kaufbereitschaft des Interessenten geändert hat, wird erst beim erneuten Kontakt deutlich. Eventuell hat sich der Interessent in dieser Zeit auch schon für einen anderen Anbieter entschieden. Mit der Inbound-Marketing-Methode gibt der Vertrieb den Kontakt in die Marketing-Betreuung zurück. Das Marketing bietet dem Kontakt in dieser Phase entsprechende Informationen an, die ihn eventuell weiter zu einer Kaufentscheidung führen. Der Kontakt zum potenziellen

Kunden reißt nicht ab und der Vertrieb kann mit dem Wissen, wie und welche der angebotenen Informationen angenommen wurden, entscheiden, wann er erneut kontaktiert und wie er den Interessenten ansprechen kann. Diese Beispiele zeigen aber auch, dass für den Einsatz von Inbound Marketing und die Kombination mit Outbound-Aktivitäten nicht nur das Marketing-Team entsprechend geschult werden muss, sondern auch der Vertrieb und das Callcenter entsprechend gebrieft und sensibilisiert werden müssen.

9.2 Abstimmung Vertrieb/Marketing

Für die erfolgreiche Leadgenerierung ist eine enge Abstimmung von Marketing und Vertrieb unabdingbar.

Hier einige Fragen und Themen, die gemeinsam geklärt werden sollten:

- Wie sieht unser »idealer« Interessent aus?
- Wie stellt sich der Kaufprozess bei unseren Kunden dar?
- Welche Informationen und Argumente überzeugen unsere Kunden?
- Wann wird ein Lead an den Vertrieb übergeben?
- Welche Informationen sind für die Akquisition hilfreich?
- Wie schnell reagiert der Vertrieb?
- Ihre gemeinsame Sprache und Ihre Begriffe.
- Wann wird ein Lead in die Marketingbetreuung zurückgegeben?

9.3 Kundenverwaltung/CRM-System

Eine wichtige Rolle im Lead-Generierungs-Prozess spielt natürlich auch die Verwaltung der Kunden- bzw. Interessenten-Daten. Ob das eine Excel-Liste, eine Adressverwaltung oder ein CRM-System ist.

Die Daten aus dem Lead-Generierungs-Prozess sollten zur Bearbeitung durch den Vertrieb an dieses System übergeben werden.

Neben den postalisch brauchbaren Adressdaten ist es wichtig zu wissen:

- Aus welcher Quelle bzw. Aktivität wurde die Adresse generiert?
- Welchen Status hat der Kontakt für mein Unternehmen?
- Welche Berührungspunkte gab es mit dem Kontakt?
- Welchen Status hat der Kontakt für das Unternehmen?
- Welche Historie hat die Adresse bzw. Person mit meinem Unternehmen?
- Gibt es »Besonderheiten«, die es zu beachten gilt?
- Welche Angebote wurden abgegeben?
- Welche Kaufhistorie hat der Kontakt?
- …

Die weiteren Informationen, die durch die vertriebliche Betreuung entstehen, sind unter Umständen für das Marketing wichtig. Sie können helfen, die Kommunikation und das Angebot von Informationen und Mehrwerten zu optimieren. Vor allem hilft dieser »Closed-Loop-Ansatz«, den Einfluss des Marketings auf den Unternehmenserfolg messbar zu machen und zu erkennen, welche Investitionen und Kampagnen für Umsatz sorgen und die größte Resonanz generieren.
Durch ein »Closed-Loop-Reporting« kann der Einfluss der einzelnen Kampagne auf den Verkauf messbar gemacht werden. HubSpot bietet dafür z. B. Schnittstellen zu gängigen CRM-Systemen an.

Das Wichtigste in Kürze:

- **Kombinieren Sie Inbound- und Outbound-Aktivitäten!**
- **Vertrieb und Marketing müssen den Lead-Generierungs-Prozess gemeinsam definieren!**

- **Messen Sie den Einfluss Ihrer Marketing-Aktivitäten auf Ihren Vertriebserfolg!**

Platz für Ihre Notizen:

Neue Möglichkeiten durch Inbound Marketing

10. Gastbeitrag: Was Lead Management ist und warum es ganzheitlich sein muss

Gastautor: Reinhard Janning

Es gibt Zeiten im Jahr, da stöhnen die Marketingabteilungen vieler Unternehmen meist unisono: »Im Moment geht leider gar nichts. Sobald die Messe vorbei ist, können wir weiterreden.« Verständlich – denn Messen sind aufwendig: Es müssen repräsentative Stände entworfen und gebaut, Infomaterialien getextet, gestaltet und gedruckt werden – schließlich gibt es kaum eine ähnlich gute Gelegenheit, das Unternehmen gleich einer ganzen Schar von potenziellen Kunden zu präsentieren, Geschäftspartner zu treffen und die Fachwelt auf sich aufmerksam zu machen.
Ist der Termin für die Messe dann gekommen, werden Vertriebsmitarbeiter eingesetzt, die dort über mehrere Tage hinweg Besuchergespräche führen; das ist anstrengend und bedeutet harte Arbeit. Am Ende winkt jedoch der Lohn für den ganzen Aufwand: Das Marketing kommt dann mit neuen Erfahrungen, neuen Eindrücken, vor allem aber mit Daten potenzieller neuer Kunden ins Unternehmen zurück und beglückt damit die Vertriebsmitarbeiter. Die müssen dann die interessierten Kunden nur noch anrufen und die neuen Geschäfte abschließen. Moment mal. Glauben Sie das wirklich?
Aber trösten Sie sich: Auch ich saß lange Zeit diesem Irrglauben auf.
Ich erinnere mich noch gut an die Zeit, als ich regelmäßig auf solchen Messeständen Dienst hatte. Wir lebten damals in dem Glauben, dass die Anzahl der Messeberichte etwas darüber aussagte, was die Messe für unser Unternehmen einbrachte. Wir waren fest davon überzeugt, dass das Einsammeln von Visitenkarten unerlässlich für die Anbahnung neuer

Geschäfte war. Heute weiß ich: Das war ein großer Irrtum. Oder sagen wir so: Visitenkarten einzusammeln ist natürlich nicht schlecht und ein erster wichtiger Schritt. Aber daraus lässt sich nicht einfach mal so ein Geschäft generieren. Ich will Ihnen auch erklären, warum das so ist.

Der einfache Verkaufstrichter: Vertrieb im Blindflug

Lead Management umfasst alle Maßnahmen, die ein Unternehmen ergreift, um aus einem potenziellen Käufer einen tatsächlichen Käufer zu machen. Dieser potenzielle Käufer wird auch »Lead« genannt – der Begriff stammt aus dem Englischen (»to lead« heißt leiten, münden oder führen) und hat sich im Marketing und Vertrieb erklärungsbedürftiger Produkte etabliert, bei denen der Kaufprozess in der Regel einige Wochen oder Monate dauern kann.

Um zu beschreiben, was Lead Management alles umfasst, wird in der Regel sehr schnell der klassische Verkaufstrichter herangezogen. Sie haben ihn bestimmt schon einmal gesehen. Falls nicht – das ist er:

Quelle: Buch »Kunden machen, was sie wollen«, Reinhard Janning

Merken Sie was? Genau. Der einfache Verkaufstrichter bildet unter anderem exakt das ab, was ich Ihnen weiter oben geschildert habe: Ein Unternehmen präsentiert sich beispielsweise auf einer Messe, sammelt dort Visitenkarten von allen ein, die aus irgendwelchen Gründen am Stand erscheinen (generiert also Leads), erfasst diese Daten und gibt sie an den Vertrieb weiter, auf dass dieser dann auf geheimnisvolle Weise viele lukrative Aufträge daraus generieren möge. Eigentlich ganz einfach. Klar, dass am Ende nicht aus allen Interessenten Käufer werden, aber es bleibt hoffentlich noch genug hängen.
Der Punkt ist: Wenn man mit seinem Lead Management diesem einfachen Modell des Verkaufstrichters folgt, begibt man sich auf eine Art Blindflug. Denn die Realität sieht oft genug anders aus: Die Übergabe der Daten der Kaufinteressenten vom Marketing an den Vertrieb geschieht meist mit großer zeitlicher Verzögerung. Zudem sind die Daten oft unvollständig, weil Marketing und Vertrieb nie vereinbart haben, welche Informationen genau benötigt werden, um die Chancen auf einen Geschäftsabschluss zu erhöhen. Und selten bis nie gibt der Vertrieb dem Marketing eine Rückmeldung, was aus dem Lead geworden ist.
Aber der Reihe nach: Das erste Problem ist also die Geschwindigkeit, mit der die Daten der Interessenten an den Vertrieb weitergegeben werden. Meistens sieht der dazugehörige Ablauf so aus (und da hat sich seit den 1980er-Jahren in vielen Unternehmen tatsächlich nicht sehr viel geändert): Die Marketingmitarbeiter bringen von der Messe ihre handschriftlichen Messeberichte und Visitenkarten von Kaufinteressenten mit und geben Praktikanten oder Auszubildenden den Auftrag, diese abzuschreiben bzw. in Tabellen zu erfassen.
Es dauert meist mehrere Tage, manchmal sogar Wochen, bis das erledigt ist, schließlich fordert das Tagesgeschäft ebenfalls seinen Tribut. Sind die Listen dann endlich fertig, werden sie nach Verkaufsgebiet der jeweiligen Datensätze sortiert und dem Vertrieb ausgehändigt. Natürlich mit dem Vermerk versehen, dass diese Listen doch bitte dringend bearbeitet

werden mögen, schließlich sei seit der Messe schon einige Zeit verstrichen.
Die Vertriebsmitarbeiter löschen nun erst einmal all diejenigen aus der Liste, die ihnen bekannt sind – Bestandskunden beispielsweise oder Unternehmen, die sie bereits vor einigen Monaten kontaktiert haben, ohne einen Ansatz für ein Kaufinteresse zu finden (frei nach dem Motto: »Den kenne ich schon. Der kauft eh nichts.«) –, und kümmern sich erst dann um die Kontakte, die übrig bleiben. Oder auch nicht. Schließlich sind ja auch noch andere Dinge zu tun. Das amerikanische Research-Unternehmen SiriusDecisions hat in einer Untersuchung festgestellt, dass nur 20 Prozent der Leads, die an den Vertrieb weitergeben werden, auch tatsächlich kontaktiert werden. Diese zeitlichen Verzögerungen führen dazu, dass aus dem Interessenten vielleicht schon längst ein Käufer geworden ist – allerdings bei einem anderen Anbieter, denn Kontaktaufnahmen müssen schnell vonstattengehen, wenn sie Erfolg nach sich ziehen sollen. Oder die Interessenten haben das Interesse bereits wieder verloren und ihre Prioritäten verändert.
Der zweite große Nachteil des einfachen Verkaufstrichters: Die Daten der Interessenten, die das Marketing an den Vertrieb übergibt, sind oft unvollständig, weil Marketing und Vertrieb nie vereinbart haben, welche Informationen genau benötigt werden, um die Chancen auf einen Geschäftsabschluss zu erhöhen. Name und Kontaktdaten eines Interessenten allein reichen dem Vertrieb nämlich nicht aus. Hinterlässt ein Kunde nur Name und Adresse, dann ist das ein »unqualifizierter« Lead, das heißt, die Chancen auf einen Geschäftsabschluss sind schwer bis gar nicht einzuschätzen. Kommen jedoch weitere Informationen hinzu – beispielsweise Antworten auf die Fragen: Wie groß ist das Unternehmen, für das der Interessent arbeitet? Ist er selbst für die Kaufentscheidung zuständig? Wenn nicht er, wer dann? Wie weit ist er mit seiner Kaufentscheidung? Wann will er eine Kaufentscheidung treffen? – dann wird aus dem unqualifizierten Lead ein qualifizierter Lead. Und erst mit qualifizierten Leads kann der Vertrieb wirklich etwas anfangen.

Ebenfalls extrem wichtig für ein erfolgreiches Lead Management ist die Rückmeldung des Vertriebs an das Marketing, was aus dem Lead, den er vom Marketing bekommen hat, geworden ist. Dieser Punkt wird im einfachen Verkaufstrichter ebenfalls nicht berücksichtigt. Wenn der Lead aus welchen Gründen auch immer »disqualifiziert« wird (also ein Geschäft ausgeschlossen werden kann), muss das dem Marketing möglichst schnell mitgeteilt werden. Denn nur dann wird der Kontakt in der Datenbank entsprechend gekennzeichnet und beispielsweise erst zu einem späteren Zeitpunkt wieder reaktiviert – und nicht weiter unnötig mit Informationen, Newslettern etc. belästigt. Idealerweise wird jeder Lead einzeln übergeben und es wird auch für jeden Lead einzeln vereinbart, bis wann der Vertrieb dem Marketing dazu eine Rückmeldung gibt.
Werden diese drei genannten »Problemzonen« nun in den einfachen Verkaufstrichter integriert, erhält man einen deutlich differenzierten Verkaufstrichter, der so aussieht:

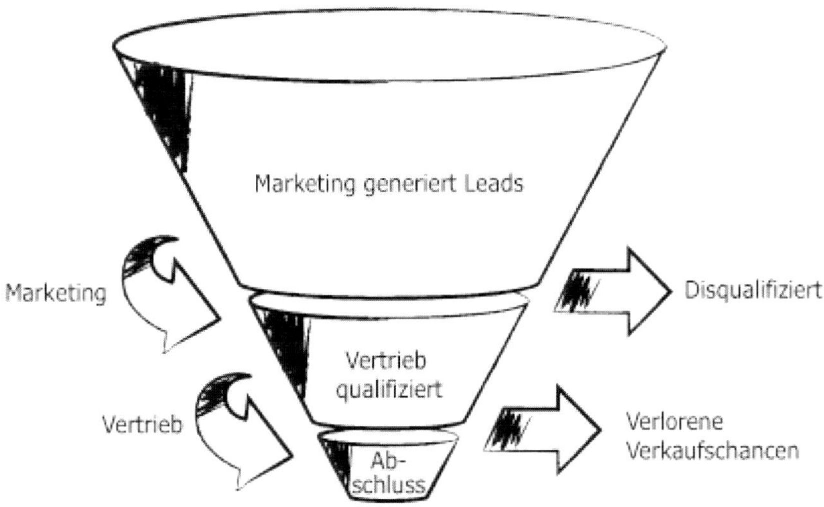

Quelle: »Kunden machen, was sie wollen«, Reinhard Janning

Wer macht was wann wie? Service Level Agreement zwischen Marketing und Vertrieb

Mit dem verfeinerten Verkaufstrichter sind die Probleme aber noch nicht aus der Welt geschafft! Es sind nämlich die Übergänge von der einen Entwicklungsstufe zur nächsten, auf die es ankommt! Und genau deshalb müssen diese Übergänge auch gemeinsam von Marketing und Vertrieb definiert werden.

Vielleicht kennen Sie den Begriff Service Level Agreement (SLA) oder Dienstgütevereinbarung (DGV). Damit wird meist eine Schnittstelle oder ein Vertrag zwischen Auftraggeber und Dienstleister für regelmäßige Dienstleistungen bezeichnet. Mithilfe eines SLA kann der Auftraggeber leicht und schnell nachvollziehen bzw. kontrollieren, ob das, was ihm versprochen wurde, auch eingehalten wird. In einem SLA ist deshalb vereinbart, wer welche Leistung in welchem Zeitraum erbringt und welche Qualität diese Leistung haben soll.

Das, was Marketing und Vertrieb also festlegen, sind Dienstleistungsvereinbarungen für den verfeinerten Verkaufstrichter, sprich: für das Lead Management. In diesem SLA ist beispielsweise definiert, was mit jedem einzelnen Lead in jeder Phase passiert, wer dafür verantwortlich ist, innerhalb welchen Zeitraums etwas zu geschehen hat und in welcher Form das Ergebnis wann an wen übermittelt wird.

Es ist zwingend notwendig, dass sich dazu Marketing und Vertrieb an einen Tisch setzen und intensiv zusammenarbeiten. Weil ich die Animositäten kenne, die Angehörige dieser beiden Abteilungen gerne gegeneinander hegen, empfehle ich, für dieses Gespräch einen Moderator oder Berater zu verpflichten. Denn die beiden Parteien gehen mit sehr unterschiedlichen Erwartungen in das Gespräch hinein: »Wenn wir dem Vertrieb schon fast die ganze Arbeit abnehmen, kann er uns doch wenigstens vernünftige Rückmeldungen geben«, mag das Marketing kritisieren, und der Vertrieb könnte anmerken »Die Qualifizierung von Interessenten kann man nicht standardisieren. Da gehört viel Fingerspitzengefühl

dazu!« – und genau deshalb sollten sich beide nur an einen moderierten Tisch setzen. Das wird jedem nützen – schließlich arbeiten alle an ein- und demselben Verkaufstrichter, und wenn dieser nicht mit guten Leads gefüllt wird, kommt am Ende auch nichts Vernünftiges heraus, um es mal etwas salopp auszudrücken. Eigentlich ganz einfach, oder?
Was genau im Einzelnen in dieser Vereinbarung zwischen Marketing und Vertrieb steht, ist von Unternehmen zu Unternehmen natürlich verschieden und muss individuell vereinbart werden.
Auf den ersten Blick mag sich das Ganze vielleicht etwas kompliziert anhören, doch im Grunde ist das Lead Management mit etwas Einsatz, den richtigen Werkzeugen und motivierten Mitarbeitern in jedem Unternehmen möglich – und ich kann Ihnen versichern: die Mühe lohnt sich!

Weitere Informationen erhalten Sie auch in dem Whitepaper »Bessere Leads für Ihr Vertriebsteam.«, das Sie kostenlos unter http://bessereleads.demandgen.de erhalten.

Reinhard Janning ist Vertriebs- und Marketingexperte mit langjähriger Erfahrung als Führungskraft und Unternehmer. Er ist mit seinen vielen Veröffentlichungen ein Experte für Marketing Automation und Lead Management.
www.DemandGen.de

11. Gastbeitrag: Datenschutz

Gastautor: Dr. Carsten Ulbricht

Inbound Marketing bietet *neue spannende Möglichkeiten*, Neukunden für *die Produkte und Dienstleistungen zu gewinnen*, aber auch Bestandskunden zu pflegen. Wie in den Vorkapiteln bereits beschrieben, spricht vieles dafür, dass *entsprechende Strategien* und Maßnahmen der Akquise und des Kundenbeziehungsmanagements über Inbound Marketing mehr Erfolg versprechen, als z.B. die simple Kaltakquise via E-Mail-Marketing. Zahlreiche Profilinformationen können helfen, potenzielle Kundengruppen deutlich besser zu identifizieren, als dies z.B. beim E-Mail-Marketing möglich ist.

Was bei diesem wachsenden Trend und den Möglichkeiten nicht übersehen werden sollte, sind die bestehenden rechtlichen Grenzen, die bei entsprechenden Marketingmaßnahmen über Inbound Marketing natürlich genauso zu beachten sind wie bei traditionelleren Maßnahmen. Diese ähneln den Rahmenbedingungen beim E-Mail- oder anderen Permissionmarketingmaßnahmen und sollen einen angemessenen Ausgleich zwischen den (Werbe-)Interessen der Wirtschaft, aber auch dem Kundeninteresse vor übermäßiger »Werbebelästigung« dienen.

Entscheidend ist dabei vor allem der im Buch beschriebene Konvertierungsprozess, in dem die noch anonymen Webseitenbesucher sich durch eigene Angaben (in der Regel im Rahmen eines Call to Action) selbst identifizieren sollen.

Wie im nachfolgenden Beitrag ausgeführt werden wird, sind bei der Erhebung und Verarbeitung von solchen (Kunden-)Daten die datenschutz-

rechtlichen Vorgaben ebenso anzuwenden wie die im Wettbewerbsrecht festgelegten Grenzen der Ansprache von Kunden.
So ist davon auszugehen, dass *§ 7 Abs. 2 Nr. 3 UWG*, der für die Zusendung von weiteren Informationen oder Werbung per E-Mail die vorherige Zustimmung des Empfängers voraussetzt (sog. Permission Marketing), auch für die Kundenakquise über Inbound Marketing gilt.
Unternehmen, die sich diesen perspektivischen Möglichkeiten nähern wollen, ist eine rechtzeitige Auseinandersetzung mit den rechtlichen Implikationen zu raten. Oft lassen sich die gesetzlichen Anforderungen (z.B. der Zustimmungsvorbehalt) erfüllen, wenn man die notwendigen Erklärungen im Rahmen der Möglichkeiten des Inbound Marketing abbildet.

Gesetzliche Rahmenbedingungen

I. Datenschutzrecht

Bei der »Identifizierung« des Besuchers der jeweiligen Inbound-Marketing-Präsenz, bei der der Besucher eigene Angaben im Rahmen eines »Calls to Action« eingeben soll, stellen sich zunächst datenschutzrechtliche Fragen.
Dabei regeln das Bundesdatenschutzgesetz (BDSG) bzw. das Telemediengesetz (TMG), ob personenbezogene Daten der Besucher erhoben, gespeichert und verarbeitet werden dürfen.
Personenbezogene Daten sind nach *§ 3 BDSG* alle Einzelangaben über persönliche oder sachliche Verhältnisse einer bestimmten oder bestimmbaren natürlichen Person (Betroffener). Wenn also im Rahmen der Kundenakquise Name, Adresse, E-Mail, Interessen etc. erhoben oder verarbeitet werden, sind die datenschutzrechtlichen Vorgaben zu beachten.
Eine entsprechende Datenverarbeitung ist für solche Kundendaten nur unter engen Grenzen zulässig.

Im Bereich des Inbound Marketing kommen vor allem die folgenden Erlaubnistatbestände in Betracht:

- Mit Einwilligung

Nach *§ 28 Abs. 1 S. 1 BDSG* kommt eine Datenverarbeitung in Betracht, wenn der Betroffene zuvor über den jeweiligen Dateneinsatz aufgeklärt worden ist und ausdrücklich (auch elektronisch) eingewilligt (Opt-In) hat. Dabei ist stets auf die Möglichkeit des Widerrufs der Einwilligung hinzuweisen.

- Erforderlichkeit für Rechtsgeschäft

Personenbezogene Daten dürfen nach *§ 28 Abs. 1 S. 1 BDSG* auch verarbeitet werden, wenn diese für die Begründung, Durchführung oder Beendigung eines rechtsgeschäftlichen oder rechtsgeschäftsähnlichen Schuldverhältnisses mit dem Betroffenen erforderlich ist

- Listenprivileg

Nach dem sogenannten Listenprivileg (*§ 28 Abs. 3 S. 2 BDSG*) können bestimmte Daten auch ohne Einwilligung zum Zwecke der Eigenwerbung eingesetzt werden, wenn Daten bei Betroffenen erhoben worden sind oder aus allgemein zugängliche Quellen stammen.
Über einen der genannten Erlaubnistatbestände lässt sich die Erhebung, Speicherung und Verarbeitung von Kundendaten oft rechtskonform ausgestalten. Dabei sollte allerdings beachtet werden, dass jede Stufe der Datenverwendung (d.h. Datenerhebung, Datenspeicherung, Datenverarbeitung, eventuell Datenweitergabe) jeweils legitimiert werden können sollte. Nur weil eine bestimmte Art der Datenerhebung zulässig war, heißt nämlich nicht, dass die weitergehende Datenverarbeitung ohne Weiteres zulässig ist. Im Ergebnis sollte also jede Inbound-Marketing-Webseite eine rechtskonforme Datenschutzerklärung vorhalten, die alle Informationen enthält, welche Daten erhoben und wie diese genutzt werden sollen. Indem der

potenzielle Kunde dieser Erklärung ausdrücklich zustimmt (Opt-In), erklärt er wirksam seine Einwilligung, was den Inbound Marketer in die Lage versetzt, die Daten auch vorbehaltlich eines Widerspruchs entsprechend zu speichern, zu verarbeiten etc.

II. Wettbewerbsrecht

Danach stellt sich dann aber die Frage, wie die Interessenten oder Kunden im weiteren Verlauf angesprochen und weitergehend aktiviert werden sollen bzw. dürfen.

Dabei ist vor allem der bereits genannte *§ 7 Abs. 2 Nr. 3 UWG* zu beachten, der für Werbung per »elektronischer Post« (wie z.B. E-Mail) die vorherige Zustimmung des Adressaten fordert.

Nach dieser Vorschrift liegt eine unzumutbare Belästigung immer dann vor, wenn Werbung unter Verwendung einer automatischen Anrufmaschine, eines Faxgerätes oder eben elektronischer Post versandt wird, ohne dass eine vorherige ausdrückliche Einwilligung des Adressaten vorliegt.

Unter Zugrundelegung der Definition von »elektronischer Post« in der europäischen Datenschutzrichtlinie für elektronische Kommunikation gilt diese Regelung für jede über ein öffentliches Kommunikationsnetz verschickte Text-, Sprach-, Ton- oder Bildnachricht, die im Netz oder im Endgerät des Empfängers gespeichert werden kann, bis sie von diesem abgerufen wird.

Damit fallen neben »klassischen« E-Mails wohl auch Nachrichten innerhalb eines sozialen Netzwerkes unter diese Regelung. Genauso wie die E-Mail sind entsprechende Nachrichten in der Regel kostenlos und eignen sich so auch für die massenhafte Versendung von Botschaften und damit insbesondere für Werbung, womit diese auch vom Regelungszweck unter die oben genannte Vorschrift fallen dürften.

Aufgrund der Anwendbarkeit von § 7 Abs. 2 Nr. 3 UWG auf Nachrichten an die gewonnenen Interessenten bzw. Kunden per E-Mail oder über so-

ziale Netzwerke dürfte jede entsprechend an einen privaten Posteingang adressierte Werbenachricht ohne vorherige ausdrückliche Einwilligung stets eine unzumutbare und damit unzulässige Belästigung darstellen.

Konsequenterweise gelten diesbezüglich dann auch die Verbote des *§ 7 Abs. 2 Nr. 4 UWG* für Werbung mit einer Nachricht, bei der die Identität des Absenders, in dessen Auftrag die Nachricht übermittelt wird, verschleiert oder verheimlicht wird oder bei der keine gültige Adresse vorhanden ist, an die der Empfänger eine Aufforderung zur Einstellung solcher Nachrichten richten kann.
Wer also im Rahmen von Inbound-Marketing-Maßnahmen zulässigerweise (Werbe-)Botschaften bzw. Informationen per E-Mail oder über die Sozialen Netzwerke versenden möchte, sollte also die üblichen Grundsätze des »Permission Marketing« (Opt-In) bzw. die Erlaubnistatbestände des *§ 7 Abs. 3 UWG* berücksichtigen. Sonst drohen eine Abmahnung des Empfängers bzw. Dritter, mögliche Maßnahmen des Plattformbetreibers und möglicherweise auch erhebliche Bußgelder. Gefährlich ist auch die Verschleierung eines etwaigen Werbecharakters in solchen internen Nachrichten, weil dann auch weitergehende Ansprüche der Wettbewerber aus *§§ 4 Nr. 3 und Nr. 11 UWG* begründet werden könnten.
Bei jedweder Form von Werbung sind darüber hinaus die weiteren etwas allgemeineren Regelungen des *Gesetzes gegen den unlauteren Wettbewerb (UWG)* zu beachten.

B. Zusammenfassung

Auch bei Inbound-Marketing-Kampagnen im Social Web sind die rechtlichen Vorgaben einzuhalten. Potenzielle und bestehende Kunden können und dürfen demnach per E-Mail und/oder in sozialen Netzwerken nicht einfach mit werblichem Hintergrund »angesprochen« werden oder mit weiteren Informationen »bespielt« werden.

Vielmehr sind die nachfolgend aufgeführten datenschutz- und wettbewerbsrechtlichen Vorgaben zu beachten.
Dabei regelt das Datenschutzrecht (BDSG) die Fragen, wie und unter welchen Voraussetzungen Daten erhoben und verarbeitet werden dürfen. Das Wettbewerbsrecht regelt die Frage, wie und über welche Kanäle Interessenten zukünftig mit Informationen versorgt werden dürfen, um diese so weitergehend zu Kunden zu konvertieren.

Das Wichtigste in Kürze:

- **Klären Sie die Interessenten und potenziellen Kunden in einer Datenschutzerklärung darüber auf, welche Daten Sie erheben und wie Sie diese nutzen.**
- **Holen Sie die Zustimmung zu dieser Datenschutzerklärung in nachweislicher Form vor der jeweiligen Datenerhebung bzw. -verarbeitung ein.**
- **Holen Sie die Zustimmung im Hinblick auf die zukünftige Kontaktaufnahme bzw. Informationsvermittlung (per E-Mail, über Social-Media-Kanäle usw.) ein.**

Dr. Carsten Ulbricht ist auf Internet und Social Media spezialisierter Rechtsanwalt bei der Stuttgarter Kanzlei Diem & Partner mit den Schwerpunkten IT-Recht, Marken-, Urheber- und Wettbewerbsrecht sowie Datenschutz. Im Rahmen seiner anwaltlichen Tätigkeit berät Dr. Ulbricht nationale und internationale Mandanten in allen Rechtsfragen des Internet und Social Media sowie zu allen Themen des Electronic und Mobile Commerce.

Neben seiner umfangreichen Referententätigkeit setzt er sich seit 2007, als einer der ersten Rechtsanwälte in Deutschland, in seinem Weblog unter *www.rechtzweinull.de* intensiv mit den rechtlichen Implikationen des Web 2.0 und der sozialen Medien auseinander. Dabei berichtet er nicht nur über neueste Entwicklungen in Rechtsprechung und Diskussionen in der Literatur, sondern analysiert auch neue Web 2.0 Geschäftsmodelle auf ihre rechtlichen Erfolgs- und Risikofaktoren.
Im März 2012 ist im Haufe-Verlag zudem das Buch »Social Media & Recht – Praxiswissen für Unternehmen« erschienen, in dem Dr. Ulbricht Unternehmen – je nach Entwicklungsstand der Social-Media-Strategie – die Chancen und Risiken in laienverständlicher Form darstellt und erläutert.
www.rechtzweinull.de

Platz für Ihre Notizen:

Datenschutz

12. Checkliste und »Innenverkauf«

Sie haben jetzt einen Überblick über die Inbound-Marketing-Methode. Vielleicht möchten Sie sich jetzt detaillierter mit der Methode beschäftigen und über die Umsetzung für Ihr Unternehmen nachdenken. Wenn Sie das nicht alleine entscheiden können oder Ihr Team »mitnehmen« möchten, helfen Ihnen vielleicht diese Checkliste und ein paar gute Argumente dabei.
Im nächsten Kapitel finden Sie auch noch ein paar Statements und Einschätzungen über Inbound Marketing aus den verschiedensten Blickwinkeln und Bereichen, die Ihnen dabei sicher auch helfen können.

Die wichtigste Frage aus meiner Sicht ist aber:

Wie viele hochwertige Leads generiert Ihre Webseite pro Woche?

Das ist für Ihre Lead-Situation entscheidend!
Wenn die Anzahl nicht ausreichend und die Qualität nicht zumindest zufriedenstellend ist, erübrigt sich eigentlich jede Diskussion über die Notwendigkeit einer Optimierung.
Mit der Frage nehmen Sie vor allem dem Einwand »Wir haben doch erst viel Geld in eine neue Webseite gesteckt!« den Wind aus den Segeln. Denn egal wie viel eine Webseite gekostet hat, wenn sie nicht ausreichend qualifizierte Leads generiert, bringt sie zumindest für Ihren Lead-Prozess keinen oder zu wenig Nutzen.
Keine Angst: Sie müssen nicht unbedingt alles Bestehende über den Haufen werfen und neue Dienstleister suchen. Je nachdem in welchem Zu-

stand sich Ihre Webseite befindet und welche Ressourcen (Mitarbeiter/Agentur) Sie im Zugriff haben, kann man bestehende Seiten optimieren und die Inbound-Marketing-Methode mit Ihren bestehenden Dienstleistern umsetzen.

12.1 Checkliste

- Kennen Sie die Schlüsselwörter für Ihr Geschäft? *Ja/Nein*
- Werden Sie ausreichend von Interessenten gefunden? *Ja/Nein*
- Funktioniert Ihre Webseite und liefert sie Ihnen ausreichend Leads? *Ja/Nein*
- Nimmt die Zahl Ihrer Webseitenbesucher und Leads stetig zu? *Ja/Nein*
- Verlinken viele Stellen im Internet auf Ihre Webseite oder Ihren Blog? *Ja/Nein*
- Konvertieren Sie Ihre Webseitenbesucher zufriedenstellend zu Interessenten? *Ja/Nein*
- Bieten Sie ausreichend relevante Inhalte und Mehrwerte? *Ja/Nein*
- Wissen Sie, wie über Ihr Unternehmen, Ihre Produkte und Ihren Service gesprochen wird? *Ja/Nein*
- Beobachten Sie die Online-Aktivitäten Ihres Wettbewerbs? *Ja/Nein*
- Wissen Sie, wie Ihre potenzielle Kunden suchen und entscheiden? *Ja/Nein*
- Haben Sie definiert, wann ein Interessent von der Marketing- in die Vertriebs-Betreuung wechselt? *Ja/Nein*
- Messen Sie regelmäßig Ihre Online-Marketing-Situation? *Ja/Nein*

Wenn Sie die meisten dieser Punkte nicht mit JA beantworten konnten, sollten Sie über die Umsetzung von Inbound Marketing nachdenken.

12.2 Die Vorteile von Inbound Marketing

- Sie werden dauerhaft von potenziellen Kunden gefunden.
- Ihre Webseite wird zum Lead-Lieferanten.
- Sie bauen einen nachhaltigen Interessenten-Strom auf.
- Inbound Marketing kostet weniger als die klassischen Marketing-Aktivtäten.
- Ihr Marketing-Erfolg wird messbar.
- Sie tragen nachweislich zum Erfolg Ihres Unternehmens bei.
- Sie erhalten die Sicherheit, Ihre Marketing-Aktivitäten messen, sie zu bewerten und optimieren zu können.

12.3 Analyse und Handlungsempfehlung

Wir nähern uns jetzt dem Ende dieses Buches. Ich hoffe, ich konnte Ihnen einen Überblick über die Inbound-Marketing-Methode und eine neue Sichtweise auf die Themen Leadgenerierung, B2B Social Media und die Nutzung des Internets für das Business geben.

Jetzt stellen sich noch zwei finale Fragen:
Wie können Sie die Inbound-Marketing-Methode für Ihr Unternehmen und Ihre Leadgenerierung nutzen?
Welchen call-to-action biete ich Ihnen jetzt an?
Die Inbound-Marketing-Methode empfiehlt ja am Ende von Blog-Artikeln, eMails und auch in Print-Medien einen call-to-action zu platzieren.
Mein call-to-action für dieses Buch: Was halten Sie von einer Analyse und einer Kurz-Handlungsempfehlung? Wenn Sie mir ein paar Informationen über Ihre Lead-Situation geben, antworte ich Ihnen gerne mit einer »Kurz-Handlungsempfehlung«. Natürlich können wir Ihre Daten

auch gerne zusammen in einem Telefonat und einer Online-Sitzung besprechen.
Sie müssen natürlich nicht alle Fragen beantworten. Je mehr ich aber weiß, desto besser kann ich Ihre Situation einschätzen.

Die Fragen:

- Wer sind Ihre Kunden?
  - Firmen (B2B)
  - Privatpersonen (B2C)
- Welche Branche adressieren Sie?
- Welche Ansprechpartner/Positionen sprechen Sie an?
- Ihre Webseite (URL)?
- Wie viele Besucher hat Ihre Webseite pro Monat?
- Wie viele hochwertige Leads generiert Ihre Webseite pro Woche?
- Wie viele dieser Leads konvertieren Sie zu Kunden?
- Mit welchen Aktivitäten generieren Sie sonst noch Leads?
- Welches sind Ihre Schlüsselwörter?
- Ist Ihre Seite SEO-optimiert?
- Nutzen Sie Landingpages und calls-to-action auf Ihrer Startseite?
- Haben Sie einen Blog? Nein/Ja URL
- Haben Sie eine Content-Strategie?
- Welche Inhalte/Mehrwerte bieten Sie an?
- Nutzen Sie Social Media?
  - Xing
  - Xing-Gruppe – Name/URL der Gruppe
  - Linkedin
  - Linkedin-Gruppe – Name/URL der Gruppe
  - Google+
  - Google+ Unternehmensseite – Name/URL der Seite
  - Twitter – Ihr Twitter-Account Name/URL
  - Facebook - Ihre Facebook-Seite Name/URL

- YouTube – Ihr YouTube-Kanal Name/URL
- Sonstige Kanäle

Senden Sie Ihre Daten einfach per eMail an *n.schuster@strike2.de*.

Platz für Ihre Notizen:

Checkliste und »Innenverkauf«

13. Statements über die Inbound-Marketing-Methode

Hier finden Sie einige Meinungen und Einschätzungen von Menschen, die sich mit Inbound Marketing beschäftigen bzw. die Methode bereits anwenden. Um den Umfang des Buches nicht über Gebühr zu strapazieren, lesen Sie hier die Kurz-Statements. Die »Lang-Version«, dieser Statements und neue Meinungen finden Sie auf der Buchwebseite: www.Inbound-Marketing-Buch.de

Wenn Sie auch ein Statement beisteuern möchten, freue ich mich über Ihre Nachricht an: n.schuster@strike2.de

Die Statements (in alphabetischer Reihenfolge)

Statement: Trainer/Coach
Name: Clemens Adam
Position: Inhaber

Adam Training – Der Experte für Verkäufer Kompetenz Entwicklung
www.ADAM-Training.de

Über Inbound Marketing:

»Es wird immer wichtiger, sich mit diesem Thema einmal intensiv zu befassen. Demographischer Wandel, neue Nutzungsformen beim Ein- und Verkaufen. Die Gesellschaft verändert sich in einem rasanten Tempo. Heute kaufen Ü60 Kunden online. Junge Menschen wollen nicht in einen

Laden gehen, sondern nutzen die gewohnte, sichere Umgebung der eigenen 4 Wände zum Online-Einkauf und der klassische Verkäufer wird in den nächsten 10 Jahren einen massiven Wandel in der Kommunikation mit Kunden erleben. Gerade deshalb sollten Unternehmen die Werkzeuge des Inbound Marketings verstärkt nutzen und sich den Gewohnheiten der Kunden anpassen. Im WWW selbst gefunden werden, kann man mit einer Durchfahrtstraße eines Ortes vergleichen, an dem früher die meisten Geschäfte zu finden waren. Und genau deshalb ist es wichtig eine Webseite zum Parkplatz vor einem Geschäft zu machen und nicht den Kunden durch- oder vorbeifahren zu lassen.«

Statement: PR-Agentur
Name: Andreas Becker, M.A.
Position: Geschäftsführer

ars publicandi GmbH
http://www.ars-pr.de

Über Inbound Marketing:
»›Ich suche nicht, ich lasse mich finden.‹ So oder so ähnlich funktioniert Inbound Marketing. Die absatzorientierten Aktivitäten liegen hier im Wesentlichen darin, das eigene Angebot geschickt zu präsentieren und möglichst viel Laufkundschaft zu generieren. Dennoch ist auf eine saubere Zielgruppen-Orientierung zu achten und Kampagnen sollten mit festem Blick auf den Zweck konzipiert werden, sonst wartet man vergeblich auf Erfolge. Vorsicht daher vor pauschalen Lösungsansätzen, die näher betrachtet sicher gut fürs Consumer-Geschäft taugen, aber im B-to-B-Segment versagen, oder vor Gießkannenmethoden dort, wo viel eher individuelle Konzepte und selektive Ansprache gefragt wären.«

Statement: Verband

Name: Beatrice Brenner

Position: Verbandsbeauftragte des BVMW für den Bayerischen Untermain

BVMW – Bundesverband mittelständische Wirtschaft, Unternehmerverband Deutschlands e.V.

www.untermain.bvmw.de

Über Inbound Marketing:

»Mitglieder-Gewinnung für einen Verband ist in der Regel ein längerfristig angesetzter Prozess. Wer noch keine Erfahrung mit dem Verband hat, muss erst einmal erkennen, worin die Vorteile einer Mitgliedschaft liegen. Das bedeutet:

1. Vertrauen aufbauen
2. Referenzen bieten

Vertrauen kann man mit wertvollen und kostenlosen Informationen aufbauen. Dafür bieten mir die sozialen Medien einen sehr guten Kanal, den ich allerdings regelmäßig bedienen muss.

Referenzen kann ich mir durch Kompetenz und Leistung erarbeiten, sowohl in Form der persönlichen Mundpropaganda als auch durch ungefilterte Meinungen im Internet. Da Google alles findet, habe ich als Verband gute Chancen, zu angefragten Themen auch in Social-Media-Seiten gefunden zu werden und Interessenten auf meine Website zu holen.«

Statement: Personaldienstleistung

Name: Birgit Brown

Position: Geschäftsführerin

SOCCO Mainz GmbH

www.socco.de

Über Inbound Marketing:

»Als Norbert Schuster mich fragte, ob ich zum Thema Inbound Marketing aus Sicht eines Personalbüros bzw. Personaldienstleister etwas sagen könnte, dachte ich im ersten Moment: Was haben wir denn mit Inbound Marketing zu tun? Nach und nach wurde aber klar, wir haben mehr mit dem Thema gemeinsam, als es auf den ersten Blick scheint. Ohne vernünftigen Auftritt im Internet mit einer Online-Bewerber-Plattform für das Recruiting ist HR heutzutage schon gar nicht mehr denkbar. Auch für uns ist es wichtig, von Kunden und potenziellen neuen Mitarbeitern im Internet gefunden zu werden. Die zukünftigen Mitarbeiter/innen erhalten nicht nur Informationen zu den ausgeschriebenen Stellenangeboten, sondern können sich über verschiedene Social-Media-Kanäle ein Bild über ihren potenziellen Arbeitgeber machen.«

Statement: Internet/Social Media
Name: Martin Bucher
Position: CEO

Unified Dialog
www.unified-dialog.com

Über Inbound Marketing:

»Social Media eröffnet viele neue und spannende Marketing-Möglichkeiten. Es kann viel Aufmerksamkeit erzeugen. Und es kann durch seine immanenten viralen Effekte für Sie neue Leads erreichen, die Sie ohne diese Medien weder erreicht noch an diese jemals gedacht hätten. Social Media ist ein schnelles direktes Dialogmedium. Dies in das Tagesgeschäft zu integrieren ist eine Herausforderung, die im Marketing ein Umdenken und geeignete Tools erfordern – und nicht zuletzt eine gut durchdachte Strategie!«

Statement: Automotive
Namc: Dcrck Finkc
Position: Marketer/Blogger

www.autobusinessblog.com

Über Inbound Marketing:
»Die Automobilbranche im Allgemeinen steht in den kommenden Jahren vor gewaltigen Herausforderungen. Ganz besonders in unseren gesättigten westlichen Märkten werden erhebliche Anstrengungen nötig sein, um den Verkauf und Service nicht nur zu sichern, sondern auszubauen.
Autohaus-Marketing besteht bislang meist darin, laut in den Markt zu rufen und die Legende ›Ich habe die besten und günstigsten Autos, bei mir gibt es die größten Rabatte‹ zu verbreiten. Doch die Wirkung dieses Push-Marketings verpufft zusehends. Stattdessen muss deutlich kundenorientierter vorgegangen werden. Es gilt, sich als Autohaus so interessant zu machen, dass Interessenten regelrecht angezogen werden. Die magnetische Kraft kann durch Inbound Marketing geschaffen werden.
Die Autohändler stehen vor der Aufgabe, ihre Online-Präsenz strategisch zu überdenken und aus Kundensicht neu zu gestalten.«

Statement: Beratung
Name: Oliver Grendel
Position: Inhaber

Prozessoptimierung in Verlagen

Über Inbound Marketing:
»Inbound Marketing bietet Verlagen mehrere Möglichkeiten, sich aus der Masse der Informationsflut im Internet herauszuheben:

1. Inhalte werden vom Kunden besser gefunden. Der erhöhte Traffic hilft bei der Vermarktung klassischer Internet-Werbung.
2. Durch die ständige Kommunikation mit dem Kunden bindet man diesen. »Überzeugungstäter« sind bereit für gute Inhalte auch Geld zu zahlen.
3. Inbound Marketing verlangt nach vielen und vor allem guten Inhalten. Genau hier liegt die Kernkompetenz von Verlagen – dem Erstellen von Inhalten. Unternehmen, die Inbound Marketing anwenden, sind auf Inhalte ›von außen‹ angewiesen. Hier erschließt sich ein neues Geschäftsfeld für Verlage. Vor allem die Zweitverwertung von Inhalten bietet einen herausragenden ROI.«

Statement: Software
Name: Markus Grutzeck

Position: Geschäftsführer

Grutzeck-Software GmbH
www.grutzeck.de

Über Inbound Marketing:

»Mit dem Ende der Übergangsfrist der Novelle des Bundesdatenschutzgesetzes zum 31.08.2012 wird die aktive Kundenansprache weiter erschwert. Insbesondere im B-to-C-Bereich ist das explizite Opt-In für jeden einzelnen Kommunikationskanal notwendig. D.h. im Umkehrschluss, dass Inbound über alle Kanäle an Bedeutung gewinnt. Und: Dann muss die Prozessbearbeitungskette auch stimmen und funktionieren. Ist der Kunde vom Service begeistert, wird er dem Unternehmen das Vertrauen schenken und auch das Opt-In für die aktive Ansprache gewähren. Deshalb sind Prozesse abteilungs- und kanalübergreifend insbesondere im Inbound abzubilden.«

Statement: Marketing/Vertriebs-Beratung
Name: Stefan G. Haak
Position: Vertrieb – Marketing – Scouting

MVRI Marketing & Vendor Relations International
www.mvri.de

Über Inbound Marketing:
»Das ›eingehende Marketing‹ wird als neue Marketingtechnik des 21. Jahrhunderts beurteilt. In Zeiten, von überbordendem Informationsrauschen der klassischen Werbung soll ›Inbound Marketing‹ es nun richten und die richtigen Kunden – gerade im B2B Bereich – anziehen. In den Zeiten des Internets und der Beschleunigung von Informations-Erstellung, -Verbreitung, sofortiger Kontaktaufnahmen und -Verfolgung ist Inbound Marketing zunächst eine ›Entschleunigung‹. Inbound benötigt Zeit: Zeit für den Aufbau von hochwertigen und nutzbringenden Inhalten in Blogs, Fachaufsätzen und in Firmenforen. Inbound Marketing ist kraftvoll und effektiv – wenn das Verständnis dafür, dass ›gute Dinge ihre Zeit benötigen, um sich zu entwickeln und zu reifen‹, entwickelt wurde.«

Statement: Marketing-Agentur
Name: Daniel Hertneck
Position: Vorstand

dieleutefürkommunikation AG
www.dieleute.de

Über Inbound Marketing:
»Mit klassischen Marketingmaßnahmen im Outbound-Modus generieren Sie Responsewerte von max. 3 Prozent. Bedeutet das im Umkehr-

schluss, dass 97 Prozent der Empfänger keinen Bedarf an Ihrem Angebot haben? Eher nicht! Allerdings werden die Adressaten meist zur Unzeit mit Werbebotschaften konfrontiert – die im B2B noch dazu häufig unternehmens- oder produktgetrieben konzipiert sind. Kein Wunder also, dass man die Empfänger damit zumeist ›auf dem falschen Fuß‹ erwischt und keine Relevanz für sein Unternehmen bzw. sein Angebot erzielen kann. Mit der Inbound-Marketing-Philosophie erreichen Sie Ihre Zielgruppe zum Zeitpunkt des aktuellen Interesses an Ihren Themen. Dies hat eine deutlich höhere Aufmerksamkeit zur Folge, mit Responsewerten von 20 Prozent und mehr. Als auf den B2B-Markt spezialisierte Agentur ist für uns konstruktive und effiziente Kommunikation seit jeher elementar. Inbound Marketing steht genau dafür und ergänzt so die klassischen Maßnahmen in idealer Weise.«

Statement: Internet/Medien
Name: Bastian Karweg
Position: Geschäftsführer

Echobot Media Technologies GmbH
www.Echobot.de

Über Inbound Marketing:
»Früher stellten sich die Kunden noch in der Schlange vor einem Laden an. Heute steht vor jedem kaufbereiten Kunden eine Schlange an Unternehmen, die ihre Angebote offerieren. Genau diese Tatsache hat Google zu einem der größten Konzerne unserer Zeit gemacht.
Doch die Entwicklung geht weiter und längst ist Google nicht mehr der einzige Punkt, an dem sich Kunden bewegen. Ganz hoch im Kurs sind derzeit z.B. soziale Netzwerke wie Facebook, aber auch Blogs und mobile Apps. Das Konzept von Inbound Marketing trägt dieser Entwicklung

Rechnung und hilft Unternehmen, die richtigen Inhalte an den richtigen Stellen zu platzieren und so von Kunden und Interessenten auf vielfältige Art gefunden zu werden.«

Statement: Internet/SEO-Agentur
Name: Thomas Kilian
Position: Geschäftsführer

Thoxan GmbH
www.Thoxan.com

Über Inbound Marketing:
»Bereits Anfang 2007 haben wir als Agentur das Neukunden-Magnet Weblog gestartet; schon damals war uns wichtig, neue Kunden anzuziehen, anstatt Druck auszuüben. Es freut mich, dass immer mehr Unternehmen erkennen, wie sie mit Mehrwerten, einer offenen Kommunikation und vor allem dem Hineinversetzen in den Kunden an Attraktivität gewinnen. Diese Aufgabe ist nicht immer leicht – aber sie lohnt sich, um eine dauerhafte Nachfrage zu erzielen.
Die Möglichkeiten sind heute durch das Internet sehr vielfältig geworden: Ob durch eine optimale Position in Suchmaschinen, die Kommunikation in sozialen Netzwerken oder durch kontinuierliche Mehrwerte in Form von Fachartikeln, Podcasts oder Videos – verschiedene Elemente helfen, ein Neukunden-Magnet zu werden!«

Statement: IT-Hersteller
Name: Achim Lanser
Position: Marketing Manager

Viprinet GmbH
www.viprinet.com

Über Inbound Marketing:
»Mit Inbound Marketing, insbesondere mit SEO/SEM, Conversion Optimization und Lead Nurturing, erreichen wir unsere weltweite Klientel auf die wirtschaftlichste Art und Weise. Spontane Käufe finden bei unseren erklärungsbedürftigen High-End-Netzwerk-Komponenten nicht statt – daher ist eine ausgefeilte, mehrstufige Inbound-Marketing-Strategie für uns der einzig gangbare Weg zur Vermarktung unserer Produkte.«

Statement: Trainer/Speaker
Name: Michal Letter
Position: Geschäftsführer

Letter Consulting GmbH
www.brillante-vortraege.de

Über Inbound Marketing:
»Wer als Trainer oder Speaker auf die Bühne möchte, erlebt einen harten Wettbewerb. Immer wieder ist festzustellen, dass selbst ausgewiesene Verkaufstrainer es nicht schaffen, sich selbst zu verkaufen. Zugleich suchen Veranstalter gerade für Vorträge ihre Redner gern selbst aus. Oft ist hier die Empfehlungsschiene der erste Weg und dann kommt heute aber sofort das Internet.
Hier ist es für Trainer und Speaker wichtig, im Internet gefunden zu

werden und die Webseitenbesucher durch Bewertungen und interessante Inhalte zu überzeugen. Call-to-action-Buttons und Landingpages helfen dann, aus dem anonymen Besucher einen Interessenten zu machen. Inbound Marketing ist daher gerade für Trainer oder Speaker prädestiniert.«

Statement: Marketing-Agentur
Name: Harry Maskallis
Position: Geschäftsführender Gesellschafter

appeal advertising GmbH, Aschaffenburg
www.appeal-advertising.de

Über Inbound Marketing:
»Marketing ist mausetot! Marketing funktioniert nicht mehr! Jetzt ist Social Media angesagt; Inbound Marketing ist der einzig wahre Weg, um Kunden zu akquirieren und den Verkauf anzukurbeln! Unbestritten: die Kommunikation hat sich in den letzten Jahren verändert – und das nicht erst mit dem Auftreten von Social Media. Wer heute professionelle Marktbearbeitung betreiben will, ist aber gut beraten, sich über seinen Unternehmenszweck, sein Leistungsversprechen, seine Marktpositionierung Gedanken zu machen und seine Zielgruppen genau zu definieren, die zum Geschäftserfolg beitragen. Denn nur dadurch lässt sich die Kommunikation mit den Kunden festlegen. Inbound Marketing eröffnet ungeahnte Möglichkeiten, an denen früher oder später niemand vorbeikommt. Wie intensiv ein Unternehmen Inbound Marketing nutzt, ist aber von Branche zu Branche, von Unternehmen zu Unternehmen unterschiedlich. Für die meisten Unternehmen wird ein intelligenter Mix zwischen In- und Outbound den angestrebten Erfolg sichern.«

Statement: Marketing- und Vertriebsberatung
Name: Dirk Oevermann
Position: Inhaber

[soever vernetzt Menschen.]
www.soever.de

Über Inbound Marketing:
»Einer meiner Kunden hat Interessenten in einer mehrmonatigen E-Mail Newsletter Kampagne entwickelt und anhand ihres Userverhaltens mit einem Punktesystem bewertet. Für eine geöffnete Mail gab z.B. es weniger Punkte als für einen Klick auf einen Link. Am meisten Punkte gab es für Downloads von PDFs. Ich durfte die Leads mit den höchsten Scores anrufen. Es bestand bis dahin keinerlei persönlicher oder telefonischer Kontakt. Das Ergebnis: allein innerhalb der ersten drei Stunden Telefonakquise wurden von 20 Adressen 16 erreicht. Daraus resultierten zwölf konkrete, qualitativ wertvolle Leads mit Terminvereinbarung. Der Kunde war sowohl überrascht als auch völlig begeistert.«

Statement: Software und Weiterbildung
Name: Edgar Reh
Position: Geschäftsführer

SKILL software GmbH
http://www.skillsoftware.de

Über Inbound Marketing:
»Die Strategie, mit der die Firmen-Webseite von der passiven »Plakatsäule« zum aktiven Interessenten-Generator wird. Denn sie identifiziert

gezielt und schnell die Kontakte, die sehr am Thema interessiert sind, weil sie ein Problem lösen wollen oder sogar müssen. Damit lässt sich kostengünstig Umsatz entwickeln (unser aller Traum). Wir mussten uns das mühsam erarbeiten, darum haben wir mit den Top-Experten einen Trend-Surfer Kurs mit TÜV-Abschlusszertifikat als finanziell geförderter Weiterbildung entwickelt.«

Statement: E-Commerce Full-Service-Dienstleister
Name: Rouven J. Riexinger
Position: Leiter B2B-Sales/Mitglied der Geschäftsleitung

Burda Direkt Services GmbH
www.burdadirektservices.de

Über Inbound Marketing:
»Der B2B-Vertrieb lebt vom persönlichen Netzwerk und von persönlichen Kontakten. Aber zu welcher Firma sollte der Vertriebsmitarbeiter einen persönlichen Kontakt aufnehmen und vor allem zu welchem Zeitpunkt? Hier ist das Inbound-Marketing ein wichtiges Instrument, um qualitativ hochwertige Interessenten zu generieren, bei denen der Vertrieb erfolgreich aktiv werden kann! In der Regel sind diese qualitativen Leads trotz aller Marketingmaßnahmen für den Vertrieb von der Menge aber zu wenig oder ein Grund, den Vertrieb auszubauen. Leider nutzen nur ca. 3 % der Firmenbesucher ein Kontaktformular oder einen Call-Back-Button oder nehmen selbst telefonischen Kontakt auf, um sich persönlich über das Angebot zu erkundigen.«

Statement: IT-Hersteller
Name: Dirk Röhrborn
Position: Geschäftsführer

Communardo Software GmbH
www.communardo.de

Über Inbound Marketing:
»Für uns als IT-Beratungs- und Dienstleistungsunternehmen im Bereich Enterprise 2.0 ist ›Inbound Marketing‹ von großer Bedeutung. Seit mehr als fünf Jahren schreiben unsere Softwareexperten und Consultants eigenständig Blogbeiträge über unsere Fachthemen und Technologien. Der Communardo Techblog, Human Network Competence Blog und der Teamblog sind zentraler Bestandteil der Internetpräsenz von Communardo. Über diesen Kanal werden erklärungsbedürftige Produkte erlebbar und Kunden informiert und gebunden. Zusätzlich generieren wir wichtige Neukontakte, die wir durch den Einsatz von Communote zeitgerecht und teamübergreifend betreuen. Die Weblogs stärken damit unsere Position im Wettbewerb um Kunden und Talente.«

Statement: Marketing-Agentur
Name: Brigitte Rossa
Position: Geschäftsführerin

RETWEET COMMUNICATION, LDA
www.retweet-communication.eu

Über Inbound Marketing:
»Mehr als 22.000 Unternehmen haben 2011 in Deutschland Transport- und Logistikdienstleistungen angeboten. Vom Stückgut bis zum Mö-

beltransport, vom Kurierdienst bis zum Taxifahrer. *Google* verzeichnet aktuell 326.000 Einträge unter dem Stichwort ›Logistikunternehmen‹, 11.600.000 Ergebnisse unter dem Suchbegriff ›Transportunternehmen‹ und 2.390.000 für ›Spedition‹.
Für diese Unternehmen aus dem Logistik-Bereich ist es entscheidend, dass sie von Kunden gefunden werden und sich vom Wettbewerb abheben. Wir helfen ihnen, in den Suchergebnissen ihrer potenziellen Kunden zu erscheinen, ihre interessanten und wertvollen Informationen zu verbreiten, Empfehlungen zu erhalten und damit mehr und bessere Interessenten zu generieren. Dabei haben wir sehr gute Erfahrungen mit dem Einsatz der Inbound-Marketing-Methode, Social Media, Blogs und Fachportale gemacht.«

Statement: Vertriebs-Beratung
Name: Stefan Rottmann
Position: Inhaber

Stefan Rottmann Vertriebsberatung

Über Inbound Marketing:
»Inbound Marketing ist für mich die logische und konsequente Weiterentwicklung zu einem automatisierten und kontinuierlichen Interessentengewinnungsprozess. Ich glaube, dass in 5 Jahren kaum mehr aktive Kaltakquise betrieben wird, da sie zu teuer und zu langwierig ist. Aber – der Interessent muss irgendwann kontaktiert werden. Daher ist das Thema nicht Inbound Marketing versus Outbound, sondern beides sinnvoll und intelligent zu integrieren. Denn was nutzt der beste ›entwickelte Lead‹, wenn es dann im vertrieblichen Follow-Up z.B. am Telefon scheitert. Auf Dauer werden gerade die Unternehmen gewinnen, die die beiden Prozesse voll integriert haben.«

Statement: Internet
Name: Bonka Roustcheva
Position: Inhaberin

Miplets – *for your online strategy*
www.miplets.de

Über Inbound Marketing:
»Seth Godin hat 1999 zum ersten Mal über Permission Marketing geschrieben. Heute ist es fast allen Firmen bewusst, dass sie ihre Marketing- und Vertrieb-Strategie anpassen müssen. Vertrieb ist nach wie vor notwendig, muss aber ganz anders definiert und organisiert werden. Dabei spielen Aktionsseiten (Landing-Pages) eine Schlüsselrolle. Sie sind die neuen ›Vertriebsmitarbeiter‹.
Landing-Pages sorgen dafür, dass die anonymen Besucher zu Interessenten und diese zu loyalen Kunden umgewandelt werden. In dem Vertriebsprozess werden Landing-Pages angewendet, um Leads-Profile zu erstellen und die Leads weiterzuentwickeln (Lead Nurturing). Der sanfte Übergang von Marketing zum Vertrieb findet durch attraktive, wertvolle Inhalte und einem ständigen Dialog statt.«

Statement: Beratung/Networking
Name: Roland Schopp
Position: Geschäftsführer

Arachno GmbH
www.arachno.de

Über Inbound Marketing:
»Eines der Standbeine der Arachno GmbH ist ›Social-Media-Automa-

tion‹. Der Ansatz hierzu ist aus der einfachen Tatsache entstanden, dass immer mehr Plattformen zur Verfügung stehen. Die Zeit, die zur sinnvollen Bearbeitung dieser Kanäle benötigt wird, ist aber eine knappe Ressource. Das Gleiche gilt zwar für alle Unternehmensbereiche, die mit Kommunikation zu tun haben. Aber gerade in der Zusammenarbeit von Vertrieb und Marketing sehe ich noch große Optimierungspotenziale. Inbound Marketing bietet hier interessante Möglichkeiten der Automatisierung, um über den gesamten Lead-Zyklus ›automatisiert‹ Kunden zu finden, zu betreuen und sie zu Kunden entwickeln.«

Statement: Beratung/Speaker/Autor
Name: Anne M. Schüller
Position: Expertin für Loyalitätsmarketing, Consultant und Keynote-Speaker

Anne M. Schüller Marketing Consulting
www.anneschueller.de

Über Inbound Marketing:
»Die Hochzeit zwischen dem Social Web und dem mobilen Internet hat mit atemberaubender Geschwindigkeit die Art und Weise, wie wir kaufen und miteinander Geschäfte machen, für immer verändert. Zukünftig muss die ›Offline-Online-Customer-Journey‹, oder besser gesagt die ›Touchpoint Journey‹ der Kunden Dreh- und Angelpunkt aller unternehmerischen Aktivitäten sein.
Denn was eine Marketingstrategie wirklich taugt, entscheidet sich in den ›Momenten der Wahrheit‹ (Jan Carlzon) an den Touchpoints eines Unternehmens. Touchpoints entstehen überall da, wo ein (potenzieller) Kunde mit den Mitarbeitern, Produkten, Services und Marken eines Anbieters in Berührung kommt. Dabei spielen die indirekten Touchpoints, also

zum Beispiel Meinungsportale, User-Foren, Testberichte, Blogbeiträge, Presseartikel wie auch Mundpropaganda und Weiterempfehlungen eine zunehmend wichtige Rolle.«

Statement: Internet/SEO-Agentur
Name: Hans-Jürgen Schwarzer
Position: Geschäftsführer

Schwarzer.de Software + Internet GmbH
www.schwarzer.de

Über Inbound Marketing:
»Wir sind eine SEO-Agentur. Unser Ziel ist es, unsere Kunden mit ihren Suchbegriffen auf Platz 1 bei Google zu bringen. Dazu erschließen wir mit ihnen zusammen die Sprache der Zielgruppe und damit genau die Begriffe, mit denen häufig nach unseren Kunden gesucht wird. Und solange es noch nicht Platz 1 ist, können wir dabei helfen, dass die Einträge unserer Kunden hervorstechen.
Was ist, wenn wir all das schaffen und täglich mehrere Hundert Besucher zur Seite unserer Kunden führen und diese sich nicht von selbst melden? Aus der Sicht eines SEO-Spezialisten bietet die Inbound-Marketing-Methode hier sehr spannende Ansätze, um Webseitenbesucher zu Kunden weiterzuentwickeln.«

Statement: PR-Agentur
Name: Markus Walter
Position: PR-Berater

Walter Visuelle PR GmbH
www.pressearbeit.de

Über Inbound Marketing:
»Inbound Marketing erzeugt Sogwirkung: IT-/EDV-Unternehmen, die auf ihre Zielgruppe eine Sogwirkung ausüben, sind bekannter und machen mehr Business, da der Verkaufsprozess schneller und einfacher erfolgt. Unternehmen sollten sich dafür ›pfeilspitz‹ aufstellen und ihre potenziellen Kunden in Kampagnen zielgruppengerecht ansprechen. Hierfür sollten die ›klassischen‹ Wege wie Newsletter, Printmedien, Telefonakquise etc. mit den ›neuen‹ Wegen wie Webinare, Social Media, Landingpages etc. kombiniert werden. Ziel ist, mehr als einen Expertenstatus bei der Zielgruppe zu erlangen. Im richtigen Moment kommen so bspw. Anfragen herein, ohne dass sich zuvor die Finger wundtelefoniert wurden!«

Statement: CRM-Beratung
Name: Rainer Willmanns
Position: cobra Experte

Highway-CRM
www.Adress-PLUS.de

Über Inbound Marketing:
»Druck oder Sog – Outbound oder Inbound – es handelt sich um zwei grundlegende Vertriebsstrategien. Gemeinsam ist beiden Systemen, dass

sich nur in einer individualisierten Customer Relationship Management Datenbank (CRM) die anfallenden Datenmengen ohne Verluste noch bewältigt lassen. Bei Inbound Marketing ist dies noch wichtiger, da ad hoc Anrufer/Mailer mit ihren Bedürfnissen strukturiert erfasst und mit einem direkt folgenden Workflow kontrolliert zufriedengestellt werden müssen. Nur damit wird Inbound Marketing eine Gewinn bringende Unternehmensstrategie. Dieser Wissensextrakt basiert auf meiner 27-jährigen Erfahrung als cobra CRM Experte bei mehr als 4.500 Kundenprojekten.«

Statement: Design-Agentur
Name: Ronald Wissler
Position: Inhaber

Ronald Wissler – Visuelle Kommunikation
www.ronald-wissler.de

Über Inbound Marketing:
»Inbound Marketing setzt genau da an, wo konventionelle Marketingmaßnahmen an ihre Grenzen stoßen: zielgerichtet und an den gerade aktuellen und echten Bedürfnissen orientiert bilden Inbound-Marketing Aktivitäten ein sehr effektives Instrument und sollten fester Bestandteil jeder Marketing-Strategie sein.
In meinen Webseiten- und Blog-Projekten achte ich neben einem ansprechenden und nutzerfreundlichen Webdesign auch auf eine technisch perfekte und suchmaschinenfreundliche Programmierung. Damit die Interpräsenzen meiner Kunden nicht nur optisch ansprechende sind, sondern auch die Voraussetzungen für eine gute Suchmaschinenplatzierung aufweisen und damit neue Kunden und Aufträge generieren.«

Statement: Berater/Coach
Name: Ralf Thomas Wolf
Position: Geschäftsführung

Das-WOLF-Format
www.Das-Wolf-Format.de

Über Inbound Marketing:
»Als Vollblutvertriebstrainer habe ich sehr viel mit Inbound- und Outbound-Telefonie zu tun. Am Anfang war das Thema Inbound Marketing für mich nicht greifbar. In der Zusammenarbeit mit Norbert Schuster habe ich aber verstanden, wie wertvoll Inbound Marketing die Outbound-Aktivitäten ergänzen kann.
Die Methode ermöglicht gut geschulten Call-Agents eine neue Form von Effizienz und Effektivität innerhalb ihrer Tätigkeit. In der Kombination von Inbound Marketing und Outbound-Telefonie erhält der Anruf des Call-Agents beim Kunden eine viel höhere Wertigkeit. Für mich liegt in der Vernetzung von menschenzentrierten Telefontrainings und professionellem Inbound Marketing der Schlüssel zur erfolgreichen Neukundengewinnung.«

Platz für Ihre Notizen:

Statements

Danke …

Mike Volpe für das Vorwort.

Reinhard Janning für die Impulse, die Unterstützung und das Gast-Kapitel.

Dr. Carsten Ulbricht für das Gast-Kapitel über die rechtlichen Aspekte des Themas.

Allen Freunden und Geschäftspartnern, die mit einem Statement über die Inbound-Marketing-Methode und ihrer Sichtweise zum Buch beigetragen haben: Clemens Adam, Andreas Becker, Beatrice Brenner, Birgit Brown, Martin Bucher, Derek Finke, Oliver Grendel, Markus Grutzeck, Stefan G. Haak, Daniel Hertneck, Bastian Karweg, Thomas Kilian, Achim Lanser, Michal Letter, Harry Maskallis, Dirk Oevermann, Edgar Reh, Rouven Riexinger, Dirk Röhrborn, Brigitte Rossa, Stefan Rottmann, Bonka Roustcheva, Roland Schopp, Anne M. Schüller, Hans-Jürgen Schwarzer, Markus Walter, Rainer Willmanns, Ronald Wissler, Ralf Thomas Wolf.

Für die Hilfe, Tipps und Anregungen von David Duncan, Nicolai Borowsky, Claudia Hoeffner, Simona Macikowski, Karsten Rühe, Uwe Rummel, Cordula Scheffels, Jens Schlangenotto, Christian Schwert, Dirk Vongries, Jürgen Vongries, Holger Weber, Andreas Windeck.

Meiner Frau Uta für die Unterstützung, ihren Ratschlag und ihre Geduld.

Ray Rubeque für die Illustrationen und seine kreativen Anregungen.

Link-Sammlung

- www.Inbound-Marketing-Buch.de
- www.strike2.de
- www.DemandGen.de
- www.leadmanagement-blog.de
- www.inbound-ebook.demandgen.de
- www.leadmanagementconsultant.skillsoftware.de
- www.rechtzweinull.de/
- www.echobot.de
- www.google.com/alerts
- www.google.de/blogsearch
- www.hootsuite.com
- www.hubspot.com
- www.howsociable.com
- www.Linkedin.com
- www.pressebox.de
- www.pr-gateway.de
- www.qrcode-generator.de
- www.rankingcoach.com/a/strike2
- search.twitter.com/advanced
- www.topsy.com
- www.socialmention.com
- www.twittern-fuer-manager.de
- www.Twitter.com
- www.youtube.de
- www.vertriebsassistent.de
- www.XING.com
- www.zeromomentoftruth.com/

Literaturverzeichnis

Anderson, Ch. (2009): The Long Tail: Nischenprodukte statt Massenmarkt Das Geschäft der Zukunft

Bodnar, Kipp, Cohen, Jeffrey L., (2012): The B2B Social Media Book: Become a Marketing Superstar by Generating Leads with Blogging, LinkedIn, Twitter, Facebook, Email, and More, John Wiley & Sons

Gladwell, M. (2002): Tipping Point: Wie kleine Dinge Großes bewirken können, Goldmann Verlag

Godin, S., Klar, Ch., (2001): Permission Marketing: Kunden wollen wählen können. Wie Sie aus Fremden Freunde machen und wie Freunde zu treuen Kunden werden, FinanzBuch

Haider, S. (2011): Ausverkauft!: Marketing kann so einfach sein, Gabal

Halligan, B., (2009): Inbound Marketing: Get Found Using Google, Social Media, and Blogs, John Wiley & Sons

Handley, A., (2010): Content Rules: How to Create Killer Blogs, Podcasts, Videos, Ebooks, Webinars (and More) That Engage Customers and Ignite Your Business, Wiley

Janning, R. (2012): Kunden machen, was sie wollen: Lead Management im Spannungsfeld zwischen Marketing und Vertrieb, Books on Demand

Lecinsky, J., (2011): Winning the Zero Moment of Truth – ZMOT, Vook

Schüller, A. (2012): Touchpoints: Auf Tuchfühlung mit dem Kunden von heute. Managementstrategien für unsere neue Businesswelt, Gabal

Schüller, A. (2012): Kunden auf der Flucht? – Wie Sie loyale Kunden gewinnen und halten, Orell Fuessli Verlag

Schuster, N. (2010): Twittern für Manager: So setzen Sie Twitter erfolgreich im Business ein, Books on Demand

Schwarz, T., Schüller, A. (2010): Leitfaden WOM-Marketing: Online & offline neue Kunden gewinnen durch Empfehlungsmarketing, Viral Marketing, Social Media Marketing, Advocating und Buzz, marketing-BÖRSE

Schwarz, T., (2007): Leitfaden Online-Marketing: Das kompakte Wissen der Branche, marketing-BÖRSE

Ulbricht, C., (2012): Social Media und Recht: Praxiswissen für Unternehmen, Haufe-Lexware

Glossar

A/B-Test
Testmethode, um z.B. zwei Varianten von z.B. zielgruppenspezifischen Ansprachen gegeneinander zu testen und so zu optimieren.

Blog
Internet-Tagebuch. Wortkreuzung aus World Wide Web und Log.

Bloggen
Das Betreiben eines Blogs und das regelmäßige Publizieren von Blog-Artikeln.

Call-to-action
Als »Call to Action« (CTA) wird im Marketing eine Handlungsaufforderung bezeichnet, die klar und eindeutig beschreibt, wie und wo z. B. der Download eines Whitepapers initiiert werden kann.

Click-Through Rate (CTR)
Die Click-Through-Rate (CTR oder Klickrate) ist eine Kennzahl, die die Anzahl der Klicks auf z. B. ein Banner oder einen Link in einer E-Mail im Verhältnis zu den gesamten Aussendungen darstellt.

Conversion Rate
Die Conversion Rate oder auch Konvertierung bezeichnet die messbare Erreichung des Ziels einer Marketing-Aktivität. Im Sinne von Inbound Marketing misst diese Zahl z. B. das Verhältnis von Webseitenbesuchern und Anzahl der Personen, die ein Webformular auf einer Landingpage ausgefüllt und abgeschickt haben.

Direct Message
Private Nachricht an einen Twitterer.

Facebook
Soziales Netzwerk.

Follower
Personen bzw. Twitter-Accounts, die Ihnen folgen.

Following
Personen bzw. Twitter-Accounts, denen Sie folgen.

Google+
Soziales Netzwerk von *Google*.

Hashtag #
Hashtags werden in Twitter verwendet, um in Tweets Schlagwörter zu kennzeichnen. Z. B. #Event09.

Inbound Link
Link von einer anderen Webseite auf die eigene Seite.

Inbound Marketing
Eine Methode, die darauf abzielt, von potenziellen Kunden gefunden zu werden, diese zu Leads zu konvertieren und sie zu Kunden zu entwickeln.

Keyword oder Schlüsselwort
Keywords sind die Schlüsselwörter bzw. Kombinationen von Schlüsselwörtern, die jemand in eine Suchmaschine eingibt, um Informationen über ein Thema oder ein Produkt zu bekommen.

Keyword-Strategie
Ein langfristiges Bemühen, die relevanten Keywords zu finden, die potenzielle Kunden für die Suche benutzen und die Optimierung der eigenen Webseiten und Medien auf diese Keywords.

Keyword Stuffing
Der Begriff beschreibt den Versuch, durch sinnloses Platzieren von Keywords (»Vollstopfen«) auf einer Webseite die Suchmaschinen auszutricksen, um eine bessere Platzierung zu erreichen. Dieses Vorgehen wird in der Regel von Suchmaschinen als SPAM gewertet und entsprechend abgestraft.

Landingpage
Speziell eingerichtete Webseite, die zielgruppenoptimiert anspricht und auf eine Aktion hinführt.

Lead
Interessent

Lead-Konvertierung (im Internet)
Ein Webseitenbesucher trägt seine Daten (z. B. Name und E-Mail-Adresse) in ein Formular ein, akzeptiert die Datenschutzbestimmungen und bestätigt seine Eingaben mit einem Mausklick auf den Anforderungs-Button.

Lead Management
Der Begriff Lead Management umfasst Methoden, Systeme und Prozesse, die eingesetzt werden, um Interessenten zu gewinnen und sie zu Kunden zu entwickeln. Wichtige Bestandteile der Methode sind auch die Messbarkeit und das Reporting der Aktivitäten und die Verbindung zu anderen Systemen wie z. B. CRM-Lösungen.

Lead Nurturing
Der Begriff beschreibt Maßnahmen bzw. Kampagnen, die einem Interessenten die richtigen Informationen zum richtigen Zeitpunkt anbieten, um ihn bis zur Kaufentscheidung zu entwickeln.

Linkedin.com
LinkedIn ist mit weltweit mehr als 150 Millionen Mitgliedern eines der größten Online-Berufsnetzwerke.

Long Tail
Der Begriff »The Long Tail« (englisch: »Der lange Schwanz«) baut auf einer Theorie von Malcom Gladwell auf, nach der man bedingt durch die große Reichweite des Internets auch mit einem Nischenangebot ausreichend Gewinne realisieren kann. Übertragen auf eine Keyword-Strategie bedeutet der Begriff, dass man auch mit Kombinationen von Schlüsselwörtern (z. B. »hydraulik pumpe zapfwellengetriebe münchen«) noch ausreichend Besucher für eine Webseite generieren kann.

Microblogging
Bloggen in Kurzform.

Meta Description
Die Meta Description beschreibt den Inhalt der Seite in den Suchergebnis-Listen der Suchmaschinen.

OnPage SEO
OnPage SEO bezeichnet die Maßnahmen, die sich auf die Platzierung und Darstellung Ihrer Webseiten-Inhalten für Suchmaschinen beziehen.

OffPage SEO
Unter der OffPage-Optimierung versteht man alle Maßnahmen zur Opti-

mierung einer Webseite, die nicht direkt vom Seitenbetreiber beeinflusst werden können. Beispiel von OffPage Optimierung ist die Generierung von Inbound- bzw. Back-Links, um damit die eigene Platzierung in den Suchmaschinen zu optimieren.

Outbound Marketing
Der Begriff beschreibt Aktivitäten (z. B. telefonische Kaltakquisistion oder Mailing) eines Unternehmens, die aktiv potenzielle Interessenten ansprechen. Ziel ist es, Aufmerksamkeit für das Angebot des Unternehmens zu wecken und eine Bestellung oder Interessenbekundung auszulösen.

QR-Code
Ein QR-Code ist ein 2D-Code, der in Form eines Quadrates durch schwarze Punkte dargestellt wird. Mit einem QR-Code kann man Zahlen und Buchstaben mit einer Kapazität von über 4.200 alphanumerischen Zeichen (Zahlen, Buchstaben und Sonderzeichen) verschlüsseln und z. B. eine URL darstellen. Scannt man so einen QR-Code mit einem Smartphone mit der passenden App, wird der Benutzer direkt zur Webseite geleitet.

ReTweet
Weiterleitung eines Tweets.

Reply
Antwort auf einen Tweet bzw. Kommentar zu einem Tweet.

RSS-Feed
RSS ist ein Format, das entwickelt wurde, um Nachrichten und andere Web-Inhalte auszutauschen bzw. zu abonnieren. Mit einem RSS-Feed kann man z. B. die Artikel eines Blogs abonnieren und mit einem RSS-Reader wie z. B. www.google.de/reader/ lesen und verwalten.

SEO (Search Engine Optimization)
Suchmaschinenoptimierung, um eine Webseite im Suchmaschinenranking auf eine gute Platzierung zu bringen.

Social Media
Der Begriff Social Media oder auch soziale Netzwerke bezeichnet die Technologien und Internetplattformen, die es Anwendern erlaubt, sich auszutauschen, Inhalte zu teilen und diese zu bewerten.

Split-Test
Testmethode, um z.B. zwei Varianten von z.B. zielgruppenspezifischen Ansprachen gegeneinander zu testen und so zu optimieren.

Tiny URL
Verkürzte Webadresse, die auf die Ursprungsadresse verlinkt, z.B. http://bitly.com.

Timeline
Zeitleiste, in der Tweets zeitlich absteigend angezeigt werden.

Tweet
Nachricht, die in Twitter versendet wird.

Tweeten
Nachricht in Twitter versenden.

Twitter
Micro-Blogging-Service, mit dem man Nachrichten mit einer Länge von 140 Zeichen versenden kann.

Twittern
Nachrichten in Twitter versenden.

Virales Marketing
Informationen über ein Produkt oder einen Service werden wie ein Virus von Mensch zu Mensch übertragen bzw. empfohlen.

Web 2.0
Schlagwort, das neue Technologien und Nutzungsformen des Internets beschreibt. Inhalte werden von den Benutzern erzeugt, verteilt, empfohlen und bewertet.

Webseiten-Optimierung
Aktivitäten zur Optimierung der eigenen Webseite, um in den Suchergebnisse der potenziellen Kunden möglichst weit oben platziert zu sein.

XING.com
XING ist ein Business-Netzwerk mit über 11 Millionen Mitgliedern.

YouTube
Video-Portal, das es den Benutzern erlaubt, Videos anzusehen und hochzuladen.

Register

Der Autor

Norbert Schuster arbeitet seit 1984 in der IT-Branche und beschäftigt sich mit der Vermarktung von IT- und Internet-Lösungen. Als Vertriebs- und Marketingleiter hat er die Vermarktung von CRM-, Business-Publishing-, MindMapping- und Online-Collaboration-Produkten aufgebaut und geleitet. Seit einigen Jahren beschäftigt er sich mit dem Internet und wie man mit B2B Social Media – XING, Twitter, Blogs & Co – erfolgreich im Business einsetzen kann.

Er hilft Unternehmen, ihre Produkte und Dienstleistungen mit Inbound Marketing bekannter zu machen und von potenziellen Kunden gefunden werden. Neben den klassischen Vertriebs- und Marketing-Wegen hat er sich auf die Nutzung der »neuen Internetmedien«, der »businessrelevanten« Social Media Kanäle und Inbound Marketing für die Erreichung von Unternehmenszielen spezialisiert. Für seine Kunden generiert er Marktpräsenz, Bekanntheit, Interessenten, Neukunden und Kundenbindung.

Er ist Dozent für die Ausbildung zum »Lead Management Consultant« (leadmanagementconsultant.skillsoftware.de), »CRM Manager« und »CRM Projekt Manager«.

FSC
www.fsc.org
MIX
Papier aus verantwortungsvollen Quellen
Paper from responsible sources
FSC® C105338

Al **Rey Mugre**, el jefe
de todos los mugres,
le encanta dar órdenes.
Su sueño es crear
el montón de basura
más grande del mundo.
Y para eso tiene
a sus secuaces...

Grasa, **Pringue**, **Moho**
y **Mancha** son algunos
de los amigos de Ro,
aunque ninguno entiende
por qué a Ro le gusta
estar limpio... ¡Jabón!
¡PUAJ! Todo mugre sabe
que ser un guarro
es lo mejor de lo mejor.

¡Bienvenidos al mundo de los **mugres**!
Unas criaturas que aman los desperdicios y la porquería. Hay mugres altos y bajos, gordos y flacos, simpáticos y gruñones. Pero todos están SUCIOS. Todos menos uno.

Ro es un mugre de lo más inusual. Le encanta frotarse con jabón y oler a colonia. Al igual que los demás mugres, conoce las lenguas de todos los animales, aparece y desaparece por arte de magia y tiene el poder de hacer pequeño a cualquier humano... ¡Como a Tina!

Tina es la mejor amiga de Ro. Se conocieron en el patio del colegio gracias a una bolita de papel de plata. Desde entonces, viven juntos mil aventuras intentando vencer al Rey Mugre.

Para Juanma,
para que perdone mi equivocación y se ría.

fundación sm

La Fundación SM destina los beneficios de las empresas SM a programas culturales y educativos, con especial atención a los colectivos más desfavorecidos.

Si quieres saber más sobre los programas de la Fundación SM, entra en **www.fundacion-sm.org**

LITERATURA**SM**•COM

Primera edición: septiembre de 2025

Dirección editorial: Berta Márquez
Coordinación editorial: Patrycja Jurkowska
Dirección de arte: Lara Peces
Coordinación gráfica: Mireia Rey

Impresores, 2
Parque Empresarial Prado del Espino
28660 Boadilla del Monte (Madrid)
www.grupo-sm.com

ISBN: 978-84-1055-062-9
Depósito legal: M-15642-2025
Impreso en España / *Printed in Spain*

El papel utilizado para la impresión de este libro está calificado como papel ecológico y procede de bosques gestionados de manera sostenible.

EL BARCO
DE VAPOR

Un decreto de risa

Patricia García-Rojo

Ilustraciones de Alejandro Villén

sm